林草数字化技术系列丛书

# 林业遥感智能解译技术

秦 琳 刘新科 陈海亮 黄宁辉 主编

中国林業出版社
China Forestry Publishing House

**图书在版编目（CIP）数据**

林业遥感智能解译技术/秦琳等主编．—北京：
中国林业出版社，2022.11（2024.8 重印）

ISBN 978-7-5219-1989-9

Ⅰ.①林…　Ⅱ.①秦…　Ⅲ.①森林遥感—数据管理
Ⅳ.①S771.8

中国版本图书馆 CIP 数据核字（2022）第 233455 号

责任编辑：王思源　薛瑞琦
封面设计：传奇书装

---

出版发行：中国林业出版社
　　　　（100009，北京市西城区刘海胡同 7 号，电话 83223120）
电子邮箱：cfphzbs@163.com
网址：https://www.cfph.net
印刷：北京中科印刷有限公司
版次：2022 年 11 月第 1 版
印次：2024 年 8 月第 2 次
开本：787mm×1092mm　1/16
印张：9.25
字数：176 千字
定价：92.00 元

# 《林业遥感智能解译技术》
## 编　委　会


**主　编**　秦　琳　刘新科　陈海亮　黄宁辉

**副主编**　陈　鑫　孟先进　张水花　薛亚东

**编　委**　（按姓氏笔画排名）

丁　丹　丁　胜　华国栋　刘锡辉
孙志伟　孙　静　牟晓莉　杨志刚
张乐勤　陈传国　陈秋菊　陈莲好
范松滔　郑文松　胡圣元　贺银林
聂坤照　彭义峰　窦宝成　魏安世

# 序

山水林田湖草沙是一个生命共同体。在数字中国建设已上升为国家战略的背景下，时代的发展要求林草行业加快数字化改革。只有深化林草数字化转型，才能更准确地掌握林草行业资源及其动态变化，更好地助力林草行业高质量发展，更高效地开展生态保护与修复工作，广泛普及生态知识，培育生态意识，树立起牢固的生态文明观。

深化林草数字化转型，需要充分利用物联网、大数据、人工智能、云计算、数字孪生、移动互联网等新一代信息技术手段，转变林草资源监督和生态保护思路，推进“天空地人网”一体化生态感知体系和智慧林业发展，实现林草资源万物互联、立体感知、协同监管和智能服务，全面提升林草行业治理体系和治理能力现代化水平，开创现代林草高质量发展新模式。

广东省林业调查规划院为推动林草领域数字化优化升级，围绕数据治理、智能解译和数据管理发布等方面开展了相关技术研究和应用。其中“林草数字化技术系列丛书”是重要的研究成果之一，凝聚了林草一线科技工作人员的智慧。丛书很好地反映和展现了林草数字化改革建设的最新进展和应用实践，对于林草数字化转型落地具有重要意义，相信丛书的出版对于我国广大从事林草资源管理、林草信息化教学、科研和生产实践人员具有很高的参考价值。

中国科学院院士 唐守正

# 前　言

林草资源是自然资源的重要组成部分，承担着森林、草原和湿地生态保护、荒漠化治理、生物多样性保护等国家重大任务，肩负着保护资源环境和维护生态安全的责任。及时准确掌握林草资源的数量、质量、结构、分布现状和动态消长变化规律，可为生态文明建设提供精准翔实的数据，为科学开展林草湿生态系统保护修复、监督管理、林长制考核、实现碳达峰碳中和战略等提供决策依据。

“绿水青山就是金山银山”，党中央和国务院高度重视我国的森林生态安全和林业生态建设，习近平总书记在参加首都义务植树活动时指出：“森林和草原对国家生态安全具有基础性、战略性作用，林草兴则生态兴。”这一重要论述为重构林业价值体系、实现林业高质量发展开阔了思路、指明了方向。面对新任务、新要求，林业和草原部门提出了全面提升林业现代化水平的战略举措，这对林业遥感能力建设提出了更高要求。

遥感技术（remote sensing，RS）在我国科技进步中占据着举足轻重的地位，中国林业遥感的起始时间可以追溯到 20 世纪 50 年代，经过 70 多年的发展，遥感技术及其应用已经成为支撑林业资源和生态环境调查监测评价的主要手段。随着移动互联网、大数据、云计算、人工智能（artificial intelligence，AI）等新兴技术的快速发展，遥感技术也迎来了全面的技术革新，人工智能与遥感的不断深度融合，正在改变传统的遥感监测方法。利用 AI 赋能的遥感智能解译技术，为开展林业资源综合调查和监测及林业高质量发展提供了绿色新动力。

本书编写团队紧扣林业遥感智能解译的工作重点和技术要点，介绍了遥感技术在林业方向的基本应用情况，总结了当前林业遥感解译所面临的主要问题和挑战，介绍了遥感影像处理、遥感智能解译、成果质量检查等内容，并对遥感智能解译技术在广东省林地变化、森林病虫害及乡村绿化状况等专题监测中进行了应用实践及评价，最后总结和展望了遥感技术及林业遥感应用的发展趋势。本书可为从事遥感数据处理、遥感智能解译、林业资源监测监管等相关专业人员提供学习参考，为提升林业遥感监测智能化水平和推广林业遥感智能监测应用提供技术支撑。

全书共分为 6 个章节。第 1 章为绪论，分析介绍了林业遥感研究现状及面临的问题和挑战；第 2 章为遥感影像处理，阐述了遥感影像生产过程中所涉及的处理技术和方法；第 3 章为智能解译技术，总结了遥感智能解译技术的理论与方法；第 4 章为质量精度评价，说明了遥感影像处理成果与遥感智能解译结果的精度评价方法；第 5 章为林业遥感智能监测，结合林业遥感智能解译的应用场景，详细描述了不同应用场景下的监测方案和技术流程；第 6 章为林业遥感的发展趋势及展望，总结了未来遥感技术及林业遥感应用的前景和预期。

本书在编写过程中，参考了许多学者、专家的论文和专著，同时，也得到了广东省林业局、广东省林业事务中心、广东省岭南院勘察设计有限公司、北京吉威数源信息技术有限公司等单位的支持和协助。在此，向所有给予本书帮助的各位领导、专家和同仁表示衷心感谢。由于编者水平有限，书中难免有疏漏和不足之处，敬请有关专家和广大读者批评指正。

编者

2022 年 8 月

# 目　　录

# 第 1 章 绪论

遥感技术是指从人造卫星、飞机或其他飞行器接收来自地球表层各类地物的电磁波信息，并通过对这些信息进行收集、传输和处理，从而对地表各类地物和现象进行远距离探测和识别的现代综合技术。在林草行业，遥感技术可用于资源调查、蓄积量估测和病虫害预防等多方面。本章在分析国内外遥感卫星和林业遥感发展历程的基础上，梳理了林业遥感智能解译的数据及应用需求，总结了现阶段存在的主要问题与挑战，提供了林业遥感监测整体情况的系统性说明。

## 1.1 国内外研究进展

### 1.1.1 国外研究进展及概况

（1）人造地球卫星的发展

1957 年，苏联发射了世界上第一颗人造地球卫星“伴侣 1 号”（代号 PS-1），从此人类开启了由来已久漫游太空的旅程；1960 年，美国在其东海岸把世界上第一颗遥感卫星——“泰罗斯 1 号”（TIROS-1）成功送入轨道，揭开了当代科学技术利用卫星“遥感地球”的序幕；1968 年，美国“阿波罗 8 号”（Apollo-8）宇宙飞行器发送回了第一幅地球影像，标志着人类开始以全新的视角重新认识自身赖以生存之地球的新时代。随着计算机技术、光电技术和航天技术的不断发展，航天遥感技术正在进入一个能快速、及时提供多种对地观测海量数据的新阶段及应用研究的新领域。

1972 年，美国发射了第一颗陆地观测卫星 Landsat-1，促进了遥感应用的发展，至今 Landsat 卫星已经发射了 9 颗。陆地卫星的轨道设计为与太阳同步的近极地圆形轨道，以确保北半球中纬度地区获得中等太阳高度角（25°～30°）的上午成像，卫星影像幅宽 185km，轨道周期 16 天。而且卫星以同一地方、同一方向通过同一地点时，保证遥感观测条件的基本一致，利于图像的对比分析。Landsat-1 采用多光谱扫描仪（multi spectral scanner，MSS），包括绿色、红色、近红外-1、近红外-2 共 4 个光谱段，影像空间分辨率 78m。1982 年和 1984 年发射的 Landsat-4 与 Landsat-5，

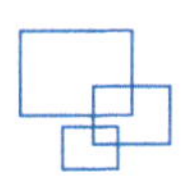


载荷除 MSS 以外，增加了专题制图仪（thematic mapper，TM），其几何分辨率提高到了 30m。1999 年发射的 Landsat-7，装备有加强型多光谱扫描仪（enhanced thematic mapper plus，ETM+），其全色波段几何分辨率达到 15m，辐射分辨率（即对电磁波的能量敏感程度）也有所提高。2013 年发射的 Landsat-8，携带有 2 个传感器，分别是陆地成像仪（operational land imager，OLI）和热红外传感器（thermal infrared sensor，TIRS），与 Landsat-7 上的 ETM+传感器相比，OLI 陆地成像仪共有 9 个波段，新增了 2 个波段，主要应用于海岸带观测和云检测，TIRS 热红外传感器主要用于收集地球 2 个热区地带的热量流失，目标是了解所观测地带水分消耗。2021 年发射的 Landsat-9，搭载了作战陆地成像仪 2（OLI-2）和热红外传感器 2（TIRS-2），Landsat-9 的改进包括 OLI-2 拥有更高辐射分辨，允许传感器检测更细微的差异，尤其是在水或茂密森林等较暗区域。除了对 OLI-2 的改进之外，与 Landsat-8 的 TIRS 相比，TIRS-2 显著减少了杂散光，从而改进了大气校正和更准确的地表温度测量。

1986 年，法国发射 SPOT 卫星，开启了高分辨率卫星时代，现已先后发射了 7 颗。SPOT-1～3 采用 832km 高度的太阳同步轨道，轨道重复周期为 26 天。卫星上装有 2 台高分辨率可见光相机（high resolution visible light camera，HRV），可获取 10m 分辨率的全色遥感数据以及 20m 分辨率的 3 谱段多光谱遥感数据。该传感器具有摆动观测能力，侧视角达±27°，同时还可进行临轨立体观测。SPOT-4 卫星遥感器增加了新的中红外谱段，可用于估测植物水分，增强对植物的分类识别能力，并有助于冰雪探测，该卫星还装载了一个植被仪，可连续监测植被情况。2002 年发射的 SPOT-5，卫星上载有 2 台高分辨率几何成像装置（high-resolution geometric imaging device，HRG）、1 台高分辨率立体成像装置（high-resolution stereo imaging device，HRS）、1 台宽视域植被探测仪（wide field vegetation detector，VGT）等，空间分辨率最高可达 2.5m，前后模式实时获得立体像对，运营性能有很大改善，在数据压缩、存储和传输等方面也均有显著提高。SPOT-6/7 是双子星卫星，分别于 2012 年和 2014 年发射，共同组网运行，能够拍摄光学影像分辨率为 1.5m 全色和 6m 多光谱的卫星影像，在国土资源调查、资源勘探、作物管理、测绘制图、工程规划、环境监测以及国防等方面具有极高的应用价值。

1992 年，日本发射了 Jers-1 卫星，其载有的传感器有主动微波成像合成孔径雷达（synthetic aperture radar，SAR）和高分辨率多光谱辐射仪（opticai sensor，OPS），可实现地质勘测、国土调查、环境保护、海岸监测和灾害预防等有关方面的观察。1996 年，发射了具有海洋水色遥感功能的先进地球观测卫星 ADEOS-1，这颗卫星选用太阳同步近极地轨道，卫星上搭载了 7 部遥感器，即海洋水色水温扫描仪（ocean color and temperature scanner，OCTS）、高级可见光和近红外辐射仪

(advanced visible and near-infrared radiometer，AVNIR)、温室效应气候干涉监测仪(interference monitor for greenhouse effect，IMG)、改进型大气临边分光仪(improved limb atmosphere spectrometer，ILAS)、微波散射仪（microwave scatterometer，NSCAT)、总臭氧测量分光仪（total ozone measurement spectrometer，TOMS)、地表发射光观测装置（surface emission light observation device，POLDER）等。2006年，发射的高级陆地观测卫星（advanced land observing satellite，ALOS)，是Jers-1与ADEOS的后继星，采用了先进的陆地观测技术，能够获取全球高分辨率陆地观测数据，主要应用于测绘、国土资源监测、环境观测、灾害监测、森林资源调查等领域。ALOS卫星载有3个传感器：全色遥感立体测绘仪（panchromatic remote sensing stereo mapping instrument，PRISM)，用于数字高程测绘；先进可见光与近红外辐射计（AVNIR-2)，用于精确陆地观测，获取的影像空间分辨率达到了2.5m。相控阵型L波段合成孔径雷达（phased array l-band synthetic aperture radar，PALSAR)，用于全天时全天候陆地观测。

1995年，加拿大在对地观测方面独辟蹊径，将目标瞄准雷达卫星，发射了Radarsat-1卫星，其遥感器为SAR（C波段，HH极化)，工作方式非常灵活，可以根据需要选择入射角、分辨率以及扫描宽度。2007年发射的Radarsat-2是一颗搭载C波段传感器的高分辨率商用雷达卫星，行业应用涉及地质灾害监测、农作物长势监测、地图制图、林业资源监测、土壤湿度监测、冰川监测等。

1999年，IKONOS遥感卫星成功发射，开启了遥感卫星的“高分时代”，卫星飞行高度680km，每天绕地球14圈。星上装有柯达公司制造的数字相机，相机的扫描宽度为11km，可采集1m分辨率的全色影像和4m分辨率的多波段影像，拥有大范围图像采集、高分辨率、同轨立体影像特征等技术优势。

2001年，QuickBird卫星成功发射，其数据空间分辨率全色波段0.61m，多光谱2.44m，成像幅宽16.5km，在没有地面控制点的情况下，地面定位精度可达23m。

2003年，印度发射的Resourcesat-1（IRS-P6)，星上携带3个传感器：多光谱传感器LISS-4和LISS-3，以及高级广角传感器AWIFS。LISS-3传感器具有4个光谱波段，分别位于可见光、近红外与短波红外区域，景宽141km，空间分辨率23m。2005年，印度又发射了Cartosat-1号卫星（IRS-P5)，它属于遥感制图卫星，搭载有2个分辨率为2.5m的全色传感器，具备真正2.5m分辨率，应用尺度能够达到1：10000；在制图方面，像对产生DEM以及测图的精度优于1：25000比例尺地形图的精度。

2007年，美国Digital Globe公司WorldView-1卫星成功发射，该卫星使用了更先进的控制力矩陀螺（control moment gyroscope，CMGs）技术，使得卫星能够以非常快的速度扫过更大的面积，平均重访周期提高为1.7天，其传感器由ITT公司与Ball航空科技公司联合制造，可提供全色亚米级0.5m分辨率立体影像。2009

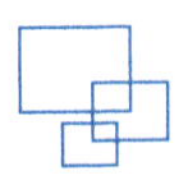



年，发射的 WorldView-2 卫星，能提供 0.5m 分辨率的全色影像和 1.8m 分辨率的多光谱影像。2014 年发射的 WorldView-3，是全球第一颗超光谱超高分辨率（0.3m）的商业遥感卫星，它在 WorldView-2 8 波段多光谱的基础上加入了 3.7m 分辨率的短波红外波段，并且首次在高分辨率卫星中使用了 CAVIS（云、气溶胶、水蒸气、冰和雪的简称）波段用于大气校正。

2008 年，德国的 RapidEye 卫星星座成功发射，该星座由 5 颗卫星组成，位于 630km 的高空，每颗卫星绕地球一圈约 110min，每颗卫星间隔 18min，日覆盖范围达 400 万 $km^2$ 以上，具有较高的空间分辨率和丰富的多光谱信息，其空间分辨率为 6.5m（星下点），包括蓝、绿、红、红边和近红外 5 个光谱波段，是第一个提供红边波段的商业卫星，该波段可监测植被变化，为土地分类和植被生长状态监测提供丰富的监测信息。同年，美国 GeoEye 公司的 GeoEye-1 卫星发射，该卫星设计使用当时最高精度的恒星定位仪、最高精度的 GPS 接收机以及最高精度的惯导陀螺仪，其全色影像空间分辨率高达 0.41m，多光谱影像空间分辨率达 1.65m，具有轨道精度高、地理定位精度高、分辨率高、影像解析度高的特点。此外，俄罗斯、英国、韩国等国也在卫星及星载传感器方面具有较为先进的技术[1]。

（2）森林调查概况

遥感技术问世不久，即被广泛应用于军事侦察、地球资源探测、环境污染探测以及地震、火山爆发预测等。在林业工作中，应用遥感技术最早和最广泛的是森林资源调查，根据调查范围和调查目的的不同，森林资源调查监测有 3 种方法：一是国家森林资源调查监测法，一般法国、北欧等国采用；二是利用各地方的森林调查监测信息总结统计国家森林资源信息的方法，一般美国、德国、加拿大等国采用；三是根据森林经理的调查结果累计全国森林资源的方法，一般日本、俄罗斯等国采用[2]。

德国的森林调查始于 1878 年，初期是通过询问作为纳税的基础，各地做法各异不便进行比较，逐步发展成比较系统的森林经理调查。1984 年修改联邦森林法，明确规定了用抽样调查方法，全联邦统一程序进行清查，必要时应定期复查[3]。

瑞士早在 1956 年就形成全国森林资源清查概念（national forest inventory，NFI），1981 年联邦政府决定每 10 年进行一次全国森林资源清查，1983—1985 年瑞士利用 1∶25000 比例尺航片自动定向并与国家基本数字地面模型（digital terrain model，DTM）进行叠加，开展第一次全国森林资源清查工作，成果包括清查报告、统计表和 13 种专题分布图[4]。

瑞典在 1923—1929 年建立了覆盖全国的国家森林资源清查体系，1953—1962 年开展第三次清查时，抽样设计引入了方阵法，每年进行一次全国调查。1923—1982 年，国家森林资源清查的所有样地都是临时的，直到 1983 年开始同时使用临时样地和固定样地。近年来，瑞典林业调查部门将注意力转向森林生态环境和生物多样性方面，并将其加入清查系统中[5]。

美国的森林资源清查与分析（forest inventory and analysis，FIA）最早开始于19世纪30年代，是以州为单位逐个开展资源清查，到20世纪90年代，大部分地区进行了3次资源清查，最多的地区进行了6次。从20世纪90年代开始，美国还开展了森林健康监测（forest health monitoring，FHM），主要监测森林健康状况和森林发展的可持续性。1998年提出设计一个综合FIA与FHM，全国采用统一的核心监测指标、统一标准和定义，每5年提交一次监测报告的年度资源监测系统（annual inventories）的要求。2003年开始采用新的森林资源清查与监测系统，每个州每年都调查20%的固定样地取代原来每年调查若干个州的固定样地，综合了FIA和FHM的野外调查部分，每1年和每5年发布一次资源清查报告[6]。美国东部4个FIA项目组开发了集GIS、遥感、GPS和摄像机技术为一体的新体系，覆盖全国森林面积的76%。遥感方面，利用美国国家海洋大气局的第三代实用气象观测卫星（NOAA卫星）的主要探测仪器（advanced very high resolution radiometer，AVHRR）进行大面积调查，国有林利用陆地卫星的TM数据产生林班和林分属性信息。

加拿大主要利用航片和卫片数据进行各省的森林资源清查，以地面调查为辅，然后利用计算机和数学模型进行分析处理。卫星图像变化检测技术、数字地形模型和系统集成技术的应用，大大增加了数据管理和资源消长监测的能力和灵活性。加拿大在发达国家中利用地理信息系统（geographic information system，GIS）和RS技术的程度最高，20世纪80年代末期，加拿大几乎每个省的林业部和多数林业公司都已开始或完成以地理信息系统为基础的森林资源清查，地理信息系统技术的普遍化和深层化应用，在森林资源清查经营管理决策支持和森林资源监测中发挥了极其重要的作用。利用1：12500到1：5000航片进行小班区划和判读，另外用超大比例尺航片设置照片样地，测量树高和郁闭度等因子，结合地面样地可用来推算各类森林蓄积和不同林木径级分布材积表（林分表），林木蓄积误差不大于±10%（可靠性为95%）。

日本、苏联及东欧各国采用森林经理调查结果累计全国的方法。日本在1953年第一次进行了以全国为对象的森林抽样调查，此后以抽样调查为主的民有林森林调查规范和利用航空相片进行抽样调查的国有林森林调查规范逐步得到了完善。苏联的森林调查向两个方向发展，即利用遥感技术进行森林资源调查、制图和评价资源现状及利用电子计算机和数学方法处理森林经理资料和规划设计。

国外森林资源监测的发展趋势主要表现在监测体系的综合化、监测周期的年度化和高新技术的大量应用。监测体系的综合化表现为监测内容日益丰富、跨部门的协作共享和信息共享，传统的森林资源监测重点主要在森林的储蓄量和面积上，而目前的监测内容已经扩展到森林生态系统的各个方面，如森林健康、森林生物量、生物多样性、野生动植物和湿地资源等。20 世纪 90 年代后，各国逐步将森林资源监测周期变为 1 年。为提高森林资源监测效率和精度，高新技术如遥感、地理信息系统、全球定位系统等的应用已十分普遍，野外数据采集仪的应用也越来越多[7]。

### 1.1.2 国内研究进展及概况

相较于国外，我国遥感卫星发展较晚，1970 年我国才发射第一颗人造地球卫星“东方红一号”，1999 年成功发射的中巴地球资源卫星是我国第一代传输型地球资源卫星，2022 年成功发射的“HY-1A”卫星是中国第一颗用于海洋水色探测的试验型业务卫星，2013 年“高分辨率对地观测系统”国家科技首颗卫星“高分一号”发射成功，2015 年商业卫星“吉林一号”“北京二号”“高景一号”发射，2019 年国内首颗民用亚米级高分辨率立体测绘卫星“高分七号”发射，2020 年高分多模卫星、0.5m 分辨率民用光学遥感卫星发射，2022 年高分辨率商业遥感卫星“高景二号 01”“高景二号 02”发射。过去 10 年，我国遥感卫星实现了从“有”到“好”的跨越式发展，逐步实现了业务化、商务化和国际出口。但国内林业遥感的起始时间可以追溯到 1951—1953 年，至今已有 70 多年的发展历史[8]。

1951—1980 年，是航空遥感相片为主的目视解译应用阶段。

新中国成立初期，百业待兴，林业的主战场主要是摸清森林资源家底，遥感在林业上的应用局限于森林资源调查，有一些林火和病虫害方面的应用，也是围绕森林资源的保护开展的。20 世纪 50 年代中期，我国首次开展了森林航空测量、森林航空调查和地面综合调查工作，从而建立了以航空像片为手段，目测调查为基础的森林调查技术体系。1972 年美国地球资源卫星（陆地卫星）升空运行，开始了航天遥感技术发展和应用的新时期，我国林业遥感工作者十分重视这一技术的进展并立即组织了对其多光谱扫描仪影像的应用研究。1977 年利用 MSS 图像，首次对我国西藏地区的森林资源进行了清查，填补了森林资源数据的空白，为卫星遥感资料在林业生产中的应用开了先例，这也是中国第一次利用卫星遥感手段开展的森林资源清查工作，相关成果获 1978 年全国科学大会奖。在这一时期，森林资源调查、森林火灾监测等林业应用所采用的遥感数据，无论是航空摄影测量遥感数据还是 Landsat MSS 卫星数据，主要是采用胶片提供的。将胶片洗印得到像片后再用于目视解译、判读分析。由于受当时计算机发展水平的限制，目视解译和判读也主要是在像片上通过人工勾绘、测量完成调绘任务。总之，这一时期遥感科研仪器设备和软件都依赖进口，林业遥感科研能力弱，遥感应用总体处于“看图识字”阶段。

1981—2000 年，是卫星遥感的开拓创新阶段。

（1）森林资源调查

这一阶段林业遥感科研和应用由单一的森林资源调查走向比较综合的“三北”防护

林调查、可再生资源调查评价等。“六五”期间，徐冠华院士主持的“用于森林资源调查的卫星数据图像处理系统”创新性地提出了快速有监督分类、专家系统分类、蓄积量估测模型，实现了基于卫星遥感数据进行大面积土地覆盖和森林分类及蓄积量的估测，开启了卫星遥感林业信息提取的先河。“七五”期间，37个单位140余名科技人员协同攻关，首次制定了《再生资源遥感综合调查技术规范》，在信息源评价（航天和超小比例尺红外航空摄影）、遥感图像处理、专业遥感调查、遥感系列制图、生态效益评价等遥感应用关键技术领域均取得重大突破，实现了多种资源数据管理、分析和预测，彻底改变了传统的资源调查结构和模式，成为推动中国卫星遥感技术和应用的重要里程碑。“八五”期间，由联合国开发计划署（The United Nations Development Programme，UNDP）援助的“建立森林资源监测体系”项目，建立了卫星遥感（基于Landsat卫星数据）监测与地面调查技术相结合的二阶抽样遥感监测体系，通过统计方法估计出全国森林资源数据，并通过区划形成森林资源分布图。该项目把遥感技术、地理信息技术、数据库和数学预测模型以及地面调查方法的优化技术结合起来，建立了新的以航天遥感技术为主要信息采集手段的全国森林资源监测体系。“九五”期间，国家“863计划”建立了植被主动微波非相干散射机理模型，发展了基于多时相、多频SAR和干涉SAR等星载SAR数据的植被类型、森林分类制图方法。

（2）湿地遥感监测

20世纪80年代初期以芦苇为主要研究对象，开展了植被光谱特征测量分析和湿地生物资源遥感调查工作，1985年开始基于航片和美国陆地卫星数据开展湿地景观结构分析及动态监测。20世纪90年代以来，基于多光谱、高空间、高光谱等多源遥感数据的湿地监测应用技术逐步得到发展。基于全国1986年、1996年以及2000年3个时期的陆地卫星遥感数据建立了比例尺为1：100000的沼泽湿地分布动态解译数据库。

（3）荒漠化遥感监测

我国自1980年开始研究中国的荒漠化问题，利用有限的航空照片、Landsat MSS/TM卫星遥感数据，采用采样解译与地面调查相结合的方法进行了中国的沙漠化制图，并形成了完整的沙漠化制图技术流程。1994年开始组织实施第一次全国范围的荒漠化和沙化土地普查，共使用了Landsat TM卫星影像数据216景，获得了较为准确的荒漠化面积和分布数据。

（4）森林火灾遥感监测

早在20世纪50年代，中国林业就利用航空遥感开展了森林火灾监测。20世纪80年代初，美国的Landsat TM、NOAA气象卫星等卫星数据逐步被中国专家学者应用于森林火灾监测方法研究中，并在1987年大兴安岭特大森林火灾监测中发挥了重要作用。“八五”期间，针对西南林区植被与环境等特点，利用人工神经网络、专家系统等方法监测森林火灾，不仅提高了林火识别精度，而且较好地提高了国内林火的研究水平，同时也缩短了与国际同行研究水平的差距。“九五”期间，进一步展开了卫星遥感林火监测应用技术研究，形成了基于 NOAA/AVHRR 数据的森林大火面积测算方法。

（5）森林病虫害遥感监测

1978 年腾冲遥感综合试验开启了中国遥感技术监测森林病虫害的序幕。随着航天遥感技术的发展，“七五”末期和“八五”初期，以松毛虫等食叶害虫灾害为例，广泛开展了针叶损失率、松针生物量以及灾害程度等遥感监测方法的研究，还发展了基于多种植被指数的病虫害信息提取技术，并不同程度地应用于生产实践。如 1989—1991 年大兴安岭十八站林业局等国有重点林区发生了大面积落叶松毛虫灾害，利用 Landsat TM 遥感影像与地面调查解译结合的方法，摸清了不同程度的危害面积，并对森林病虫害和虫源地发生、发展规律、监测方法等其他方面的应用前景进行了有益探索。“八五”后期和“九五”期间，在国家众多科技项目的支持下，全面开展了森林病虫害遥感监测预警技术研究，建立了基于单时相、多时相航天遥感数据的灾害信息提取技术路线，引进和消化吸收了航空录像、航空电子勾绘等遥感监测技术方法，初步建立了天空地相结合的森林病虫害监测体系，提出了森林病虫害的遥感、地理信息系统和全球定位系统技术集成应用模式。

2001—2020 年，是定量遥感发展和综合应用服务平台的形成阶段。

“十五”期间，发展定量遥感技术与方法，推动了遥感技术应用的深度与广度。在“成像雷达遥感信息共性处理及应用软件”和“龙计划”等“863 计划”的支持下，开展了 SAR 林业遥感定量技术研究，突破了星载 SAR 定位、正射校正、地形辐射校正等数据预处理关键技术，在 InSAR、极化干涉 SAR 森林信息提取模型和方法上取得了阶段性进展。同时，也开始开展高空间分辨率、高光谱分辨率光学卫星遥感林业应用研究。2003 年高空间分辨率卫星影像写进《森林资源规划设计调查规程》，促进了高空间分辨率卫星遥感技术的深度应用。针对国产卫星遥感数据，2000 年、2003 年国家林业局分别启动了中巴地球资源卫星（China-Brazil earth resource satellite，代号 CBERS）CBERS-01、CBERS-02 CCD 数据的森林资源清查示范应用项目，相关技术成果在 2006 年的西藏和新疆森林资源清查中得到了全面推广。在 1999 年开始的第 6 次和 2004 年开始的第 7 次全国森林资源连续清查中，遥感得到了全面的应用。过去中国森林资源规划设计调查（简称二类调查）主要以航空相片和地形图为参考，制作外业调查手图，通过现场勾绘等手段完成林相图区划。自 2003 年起，中国很多省份相继应用 SPOT5 数据进行了森林资源二类调查试点。2004 年开始的“国家林业生态工程重点区遥感监测评价项目”，利用 2003—2011 年期间的 MODIS、Landsat TM、SPOT-5、QuickBird 等多源卫星遥感数据，对 4 个天然林资源保护工程监测区和 8 个退耕还林工程监测区进行了多期动态监测评价。

“十一五”期间，林业遥感应用基础理论研究得到加强，林业定量遥感得到快速发展，针对林业行业需求的支撑技术研发走向综合化，初步形成了中国林业综合监测技术体系。国家科技支撑计划重点项目“森林资源综合监测技术体系研究”，提出了“资源—工程—灾害”一体化综合监测指标体系，创建了现代林业信息技术及传统地面调查相结合的天空地一体化、点线面多尺度综合监测技术体系，突破了基于多源、多分辨率遥感数据的森林、湿地、森林灾害、林业生态工程、荒漠化信息快速提取、时空动态分析、智能预测模拟、预警预报和综合评价技术，以及森林资源综合监测高效集成与综合服务技术，自主研发了基于3S技术的森林资源综合监测集成平台与系列软件系统，实现了林业资源监测数据、技术和系统的一体化集成、高效管理和综合服务，项目成果获得2013年国家科技进步二等奖。

“十二五”期间，在遥感数据的定量化处理、复杂地表森林三维结构信息主被动遥感定量反演和时空分析建模方面取得了重要进展，也开启了国家重大科技专项“高分辨率对地观测系统”（2011—2020年）实施的新时代。研发了系列遥感数据处理技术与方法，提出了森林参数遥感定量反演基础理论和方法，创新了森林、湿地和沙化土地高分遥感精细分类方法，提升了林业资源区划调查和监测的效率和精细化水平，构建了森林蓄积量、沙地稀疏植被覆盖度、林火燃烧强度等遥感定量估测模型，形成高分专项标准规范9项，构建了符合中国林情的高分辨率遥感林业调查、监测与评价技术体系。

“十三五”期间，伴随着遥感技术的飞速发展，国产资源三号和高分系列六号、七号卫星等相继发射，遥感数据的时间、空间和光谱分辨率不断提高，尤其是无人机遥感和激光雷达技术的日趋成熟，显著提升了林业调查和监测中自主高分辨率遥感数据对国外数据的替代率，卫星数据获取方面显著提高了自给率。目前，我国约70%的林业行业卫星遥感分析数据来源于我国自己发射的卫星，且全部由中国林科院资源所负责提供技术支持和服务，支撑形成了森林资源监测频率由3～5年1次提高到1年1次的能力，提升了林业调查的科技含量和技术水平，极大地推动了遥感技术在森林生态系统监测领域的应用，产生了巨大的经济和社会效益。2018年，李增元带领团队完成的“高分辨率遥感林业应用技术与服务平台”获国家科技进步奖二等奖，这也是林业遥感研究成果第六次获得国家科技进步奖。

21世纪以来，遥感技术得到了突飞猛进的发展，卫星影像的空间分辨率有了空前的提高，雷达遥感、航空遥感和无人遥感飞机的发展，为林业遥感提供了丰富的信息源，拓宽了林业遥感应用的深度和广度。随着人工智能的不断深入发展，其与各行业的深度融合、跨领域、全格局正在成为新趋势。遥感是与人工智能紧密关联的领域，将人工智能技术与现有遥感应用手段相结合，利用先进的图像算法和统计手段，能够在较短时间内精准实现对大片林地进行监测与评估，这给林业资源调查和监测带来了新思路和新契机，对实现林业资源的高效监测、促进资源可持续发展，具有重要意义。

## 1.2 林业遥感需求分析

林业资源作为自然资源的重要组成部分，需要及时、准确地掌握其动态信息。《“十四五”林业草原保护发展规划纲要》明确指出，“要以遥感、5G、云计算、大数据、人工智能等新一代信息技术为支撑，以林草综合监测数据为基础，建成林草生态网络感知系统，实现林草资源监督管理、预警预测、动态监测、综合评估等多功能，提升林草资源管理水平，推动实现多维度、全天候、全覆盖的监管监测工作目标，推进陆地生态系统探测卫星技术应用。”

2020 年 12 月 29 日，中共中央办公厅、国务院办公厅印发《关于全面推行林长制的意见》（以下简称《意见》），在全国全面推行林长制，构建党委领导、党政同责、属地负责、部门协同、源头治理、全域覆盖的保护发展森林草原资源目标责任长效机制。《意见》提出要“加强森林草原资源监测监管。充分利用现代信息技术手段，不断完善森林草原资源‘一张图’‘一套数’动态监测体系，逐步建立重点区域实时监控网络，及时掌握资源动态变化，提高预警预报和查处问题的能力，提升森林草原资源保护发展智慧化管理水平。”

###  1.2.1 解译数据需求

#### 1.2.1.1 主要遥感数据及其特点

随着遥感卫星类型和数量的不断增加，遥感卫星应用业务规模也在不断壮大。国外民用遥感卫星主要有：美国的“陆地卫星”（Landsat）、法国的“斯波特”（SPOT）、欧空局的“欧洲遥感卫星”（ERS）、加拿大“雷达卫星”（Radarsat）和俄罗斯的“资源-DK”（Resurs-DK）卫星等。在商业遥感卫星领域，常用的包括 WorldView 系列、GeoEye 系列、QuickBird 卫星、IKONOS 卫星、Planet 系列、Kompsat 系列卫星等高分辨率卫星，如图 1-1～图 1-11所示。

图 1-1　Landsat-8 卫星影像图

图 1-2　SPOT-6 卫星影像图

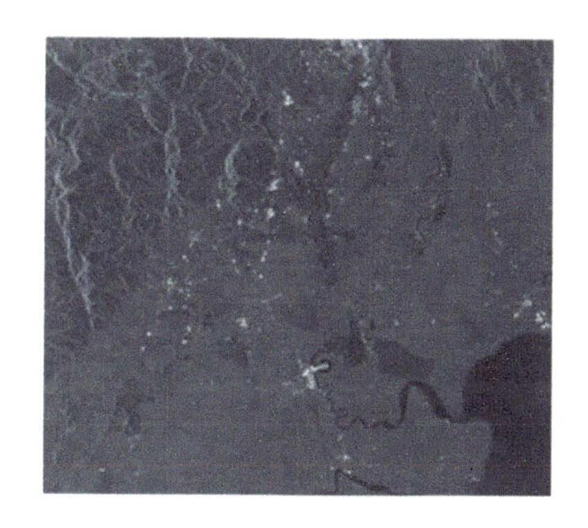 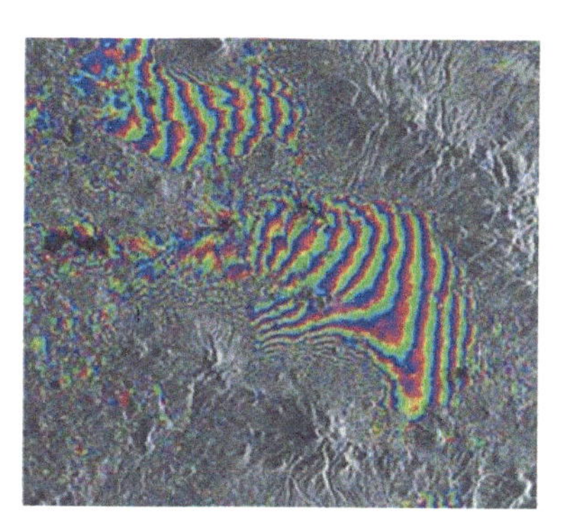

图 1-3　ERS 卫星影像（左）和卫星影像干涉图（右）

图 1-4　Radarsat-2 卫星影像数据图

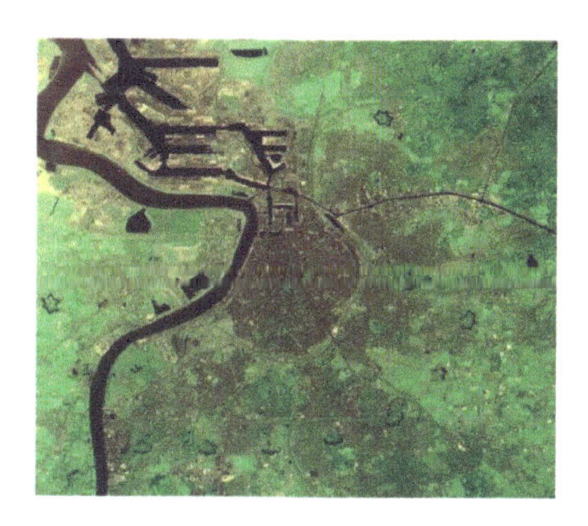 

图 1-5　Resurs-F1（左）和 Resurs-P（右）卫星影像图

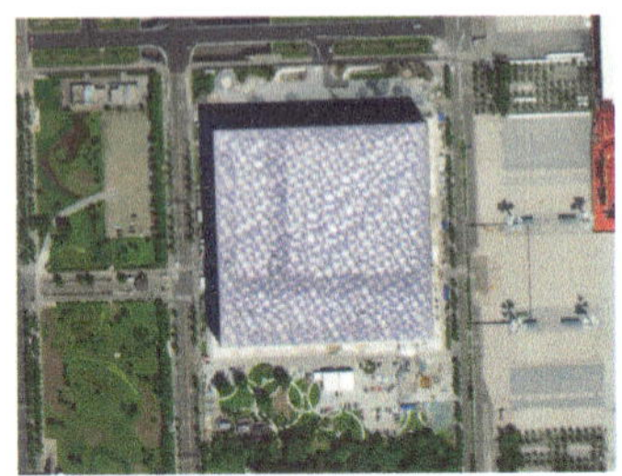

图 1-6　WorldView-3 卫星影像图

图 1-7　WorldView-4 卫星影像图

图 1-8　GeoEye-1 卫星影像图

图1-9　QuickBird卫星影像图

图1-10　IKONOS卫星影像图

图1-11　Kompsat-3卫星影像图

目前，我国常用的遥感卫星主要是高分系列、资源系列和环境系列，包括了高分一号、高分二号、高分三号（雷达卫星）、高分四号（静止轨道卫星）、高分五号（高光谱卫星）、高分六号、高分七号、资源三号、资源一号 02C、环境一号 A、环境一号 B，以及高景一号、北京二号、北京三号等高分辨率商用卫星，如图 1-12～图 1-19 所示。

图 1-12　高分一号 8m 多光谱影像（左）和 2m 全色影像（右）图

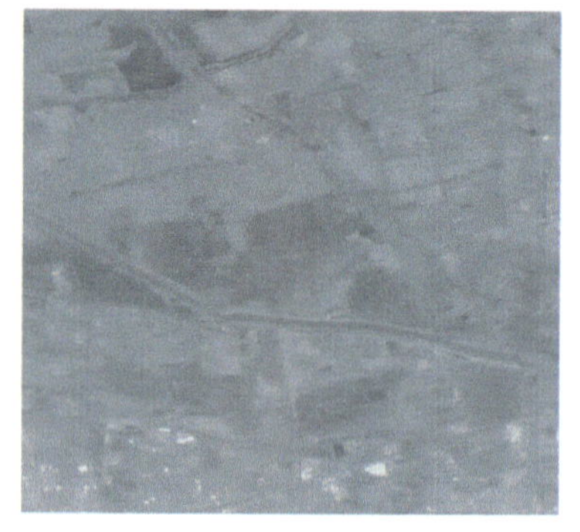

图 1-13　高分二号 3.2m 分辨率多光谱（左）和 0.8m 分辨率全色影像（右）图

图 1-14　高分七号卫星红绿立体（左）和多光谱影像（右）图

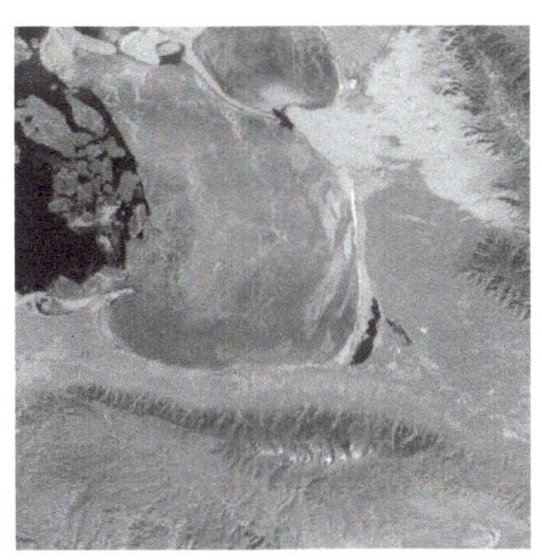

图 1-15　资源三号 5.8m 分辨率多光谱（左）和
2.1m 分辨率全色正视影像（右）图

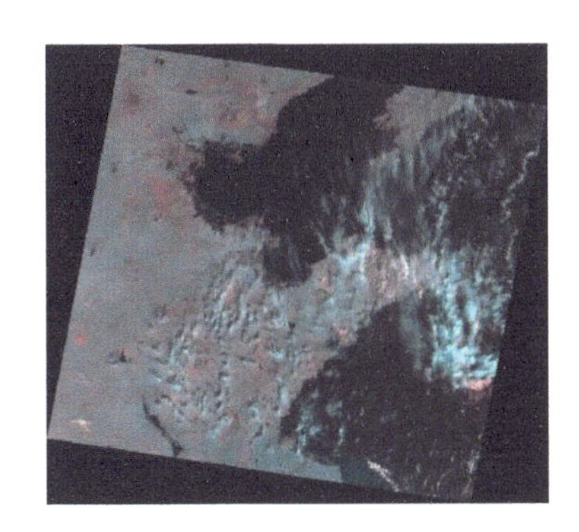
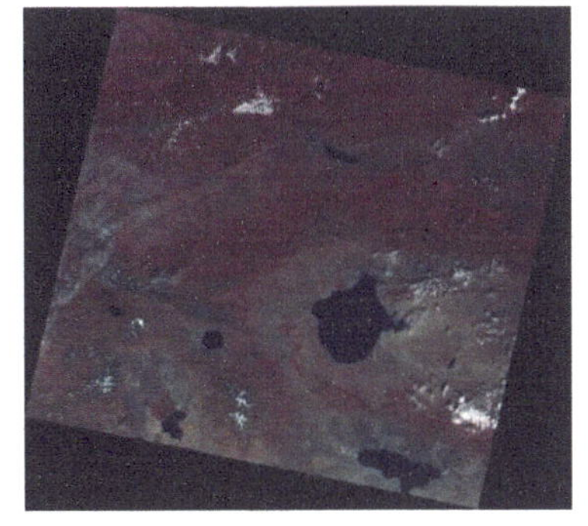

图 1-16　环境一号 B 星 150m 红外（左）和 30m 多光谱影像（右）图

图 1-17　高景一号卫星影像图

图 1-18　北京二号卫星影像图

图 1-19　北京三号卫星 A 星（左）和北京三号国际合作星影像（右）图

选择遥感数据时首先要考虑监测精度要求，同时也要考虑信息数据的特点和成本投入，林业遥感调查监测常用卫星影像数据见表 1-1。

**表 1-1　常用卫星影像主要数据源列表**

| 数据源 | 传感器 | 波段参数 | 应用方向 |
|---|---|---|---|
| 高分一号 | PMS | 全色波段（2m）：0.45～0.90μm<br>多光谱波段（8m）：<br>B1：0.43～0.52μm<br>B2：0.52～0.60μm<br>B3：0.63～0.69μm<br>B4：0.76～0.90μm | 具有高、中空间分辨率对地观测和大幅宽成像结合的特点，可在更短时间内对一个地区重复拍照，其重访周期只有 4 天，可为我国国土资源、农业、环境保护与减灾等领域提供高精度、宽范围的空间观测数据，在地理测绘、海洋和气候气象观测、水利和林业资源监测、城市和交通精细化管理，疫情评估与公共卫生应急、地球系统科学研究等领域发挥重要作用 |
| | WFV | B1（16m）：0.45～0.52μm<br>B2（16m）：0.52～0.59μm<br>B3（16m）：0.63～0.69μm<br>B4（16m）：0.77～0.89μm | |

（续）

| 数据源 | 传感器 | 波段参数 | 应用方向 |
| --- | --- | --- | --- |
| 高分二号 | PMS | 全色波段（0.8m）：0.45～0.90μm<br>多光谱波段（3.2m）<br>B1：0.43～0.52μm<br>B2：0.52～0.60μm<br>B3：0.63～0.69μm<br>B4：0.76～0.90μm | 空间分辨率优于1m，同时还具有高辐射精度、高定位精度和快速姿态机动能力等特点，观测幅宽达到45km，可为土地利用动态监测、矿产资源调查、城乡规划监测评价、交通路网规划、森林资源调查、荒漠化监测等提供服务支撑 |
| 高分三号 | C-SAR<br>合成孔径<br>雷达 | 聚束模式<br>空间分辨率1m<br>条带模式<br>超精细条带：空间分辨率3m<br>精细条带：空间分辨率5m<br>标准条带：空间分辨率10m<br>全极化条带Ⅰ：空间分辨率25m<br>全极化条带Ⅱ：空间分辨率25m<br>扫描模式<br>窄幅：空间分辨率50m<br>宽幅：空间分辨率100m<br>波模式：空间分辨率10m<br>全球监测模式：空间分辨率500m<br>扩展入射角模式：空间分辨率25m | 携带的SAR采用C波段，在农作物的分类识别和估产方面，以及对海冰、海浪等海况观测方面比较有利，能够进行海冰类型、海冰动态、土地湿度、土地粗糙度和冲蚀情况、土壤类型和特征、水陆边界、作物生长量、作物含水量、海洋潮、漩涡、表面波、内波、地质结构、沙漠区域等一系列参数进行反演 |
| 高分四号 | 凝视相机 | 全色波段（50m）<br>0.45～0.90μm<br>多光谱波段（50m）<br>B1：0.45～0.52μm<br>B2：0.52～0.59μm<br>B3：0.63～0.69μm<br>B4：0.76～0.90μm<br>红外波段（400m）<br>3～5μm | 以多光谱数据应用为主，能够对范围内环境进行长时间的连续监测，对于生态的变化监测具有重要意义 |
| 高分五号 | 可见短波<br>红外多<br>光谱相机<br>（AHSI） | 空间分辨率：30m<br>光谱分辨率：VNIR为5nm，SWIR为10nm<br>光谱范围：400～2500nm | 利用高光谱遥感影像数据特定波段的光谱特征，可以进行一系列环境参数的反演，如叶绿素浓度、悬浮物浓度、土壤污染程度等 |
| | 全谱段<br>多光谱<br>成像仪<br>（VIMS） | 可见光波段<br>B1（20m）：0.45～0.52μm<br>B2（20m）：0.52～0.60μm<br>B3（20m）：0.62～0.68μm<br>B4（20m）：0.76～0.86μm<br>短波红外波段<br>B5（20m）：1.55～1.75μm<br>B6（20m）：2.08～2.35μm<br>热红外波段<br>B7（40m）：3.49～4.10μm<br>B8（40m）：4.85～5.05μm<br>B9（40m）：8.01～8.39μm<br>B10（40m）：8.42～8.83μm<br>B11（40m）：10.3～11.3μm<br>B12（40m）：11.4～12.5μm | 可见光波段可用于常规监测<br>短波红外波段，能够反映植物和土壤水分含量，利于植物水分状况研究和作物长势分析，从而能够提高区分不同作物的能力，而且此波段易于区分雪和云；同时，对岩石、特定矿物反应敏感，可以用于区分主要岩石类型、岩石的水热蚀变、探测与交代岩石有关的黏土矿物等<br>热红外窗口，能够探测常温的热辐射差异，根据辐射响应的差异，可进行植物胁迫分析，土壤湿度研究，农业与森林区分，水体、岩石等地标特征识别以及监测与人类活动有关的热特征 |

（续）

| 数据源 | 传感器 | 波段参数 | 应用方向 |
| --- | --- | --- | --- |
| 高分五号 | 大气主要温室气体检测仪（GMI） | B1：0.759～0.769μm<br>B2：1.568～1.583μm<br>B3：1.642～1.658μm<br>B4：2.043～2.058μm | 反演 $O_2$ 柱总量、$CH_4$ 柱总量、$CO_2$ 柱总量 3 个指标 |
| | 大气痕量气体差分吸收光谱仪（EMI） | B1：240～315nm<br>B2：311～403nm<br>B3：401～550nm<br>B4：545～710nm | 反演 $SO_2$ 柱总量、$NO_2$ 柱总量、$O_3$ 柱总量和 $O_3$ 廓线指标 |
| | 大气气溶胶多角度偏振探测仪（DPC） | B1：433～453nm<br>B2：480～500nm（P）<br>B3：555～575nm<br>B4：660～680nm（P）<br>B5：758～768nm<br>B6：745～785nm<br>B7：845～885nm（P）<br>B8：900～920nm | 进行大气气溶胶浓度的反演 |
| | 大气环境红外甚高光谱分辨率探测仪（AIUS） | 光谱范围：750～4100cm$^{-1}$<br>光谱分辨率：0.03cm$^{-1}$ | 可进行温度廓线、地表及云性质、$CH_4$ 廓线、CO 柱总量的反演 |
| 高分六号 | PMS | 全色波段（2m）<br>0.45～0.90μm<br>多光谱波段（8m）<br>B1：0.45～0.52μm<br>B2：0.52～0.60μm<br>B3：0.63～0.69μm<br>B4：0.76～0.90μm | 该星实现了 8 谱段 CMOS 探测器的国产化研制，国内首次增加了能够有效反映作物特有光谱特性的“红边”波段，大幅提高了农业、林业、草原等资源监测能力，主要应用于精准农业观测、林业资源调查等行业 |
| | WFV | B1：0.45～0.52μm<br>B2：0.52～0.59μm<br>B3：0.63～0.69μm<br>B4：0.77～0.89μm<br>B5：0.69～0.73μm（红边 I）<br>B6：0.73～0.77μm（红边 II）<br>B7：0.40～0.45μm<br>B8：0.59～0.63μm | |
| 高分七号 | 两线阵立体相机 | 全色波段（0.8m）<br>0.45～0.90μm<br>多光谱波段（3.2m）<br>B1：0.45～0.52μm<br>B2：0.52～0.59μm<br>B3：0.63～0.69μm<br>B4：0.77～0.89μm | 卫星通过立体相机和激光测高仪复合测绘的模式，实现 1∶10000 比例尺立体测图，服务于自然资源调查监测、基础测绘、全球地理信息资源建设等应用需求，并为住房与城乡建设、国家调查统计等领域提供高精度的卫星遥感影像 |
| | 激光测高仪 | 激光波束：2<br>测距精度：≤0.3m（坡度小于 15°）<br>光斑大小：30m | |
| | 足印相机 | 光谱范围：0.50～0.72μm<br>1.064μm<br>地面像元分辨率：≤4m | |

（续）

| 数据源 | 传感器 | 波段参数 | 应用方向 |
|---|---|---|---|
| 资源三号（ZY3） | TDI | 前后视相机（3.5m）<br>0.50～0.80μm<br>下视相机（2.1m）<br>0.50～0.80μm | 前、后、正视相机可以获取同一地区三个不同观测角度立体像对，能够提供丰富的三维几何信息 |
| | MSS | B1（6m）：0.45～0.52μm<br>B2（6m）：0.52～0.59μm<br>B3（6m）：0.63～0.69μm<br>B4（6m）：0.77～0.89μm | 为国土资源调查与监测、防灾减灾、农林水利、生态环境、城市规划与建设、交通、国家重大工程等领域的应用提供服务 |
| 北京二号 | VHRI-100 成像仪 | 全色波段（0.8m）<br>0.45～0.65μm<br>多光谱波段（3.2m）<br>B1：0.44～0.51μm<br>B2：0.51～0.59μm<br>B3：0.60～0.67μm<br>B4：0.76～0.91μm | 可为国土资源管理、农业资源调查、生态环境监测、城市综合应用等领域提供空间信息支持 |
| 北京三号 A 星 | 全色、多光谱双相机 | 全色波段（0.5m）<br>0.45～0.70μm<br>多光谱波段（2.0m）<br>B1：0.45～0.52μm<br>B2：0.52～0.59μm<br>B3：0.63～0.69μm<br>B4：0.77～0.89μm | 实现了在同轨多目标成像、同轨多条带拼接成像、同轨多角度立体成像、同轨短时间动态监视成像等成像模式，以及任意航迹成像和反向推扫成像的运动状态中成像模式。可为国家治理体系和治理能力现代化、资源环境监测管理、生态文明建设、应急管理、国家安全等国家重大需求提供应用服务 |
| 北京三号国际合作星 | — | 全色波段（0.3m）<br>0.45～0.80μm<br>多光谱波段（2.0m）<br>B1：0.40～0.45μm<br>B2：0.45～0.52μm<br>B3：0.53～0.59μm<br>B4：0.62～0.69μm<br>B5：0.70～0.75μm<br>B6：0.77～0.88μm | 增加了深蓝和红边两个多光谱波段，深蓝光谱具备较强的水体穿透力，能够进行水深测量，适合于水体泥沙水质监测以及近海海底地形测量等应用，红边波段适用于植被监测和农业相关的遥感应用 |
| 环境星 | HJ-1A：CCD 相机和超光谱成像仪（HSI）<br>HJ-1B：CCD 相机和红外相机（IRS） | 多光谱影像：<br>分辨率为 30m、4 个光谱谱段<br>超光谱影像：<br>分辨率为 100m、110～128 个光谱谱段<br>红外影像：<br>分辨率为 150m/300m、近短中长 4 个光谱谱段 | 拥有光学、红外、超光谱等不同探测方法，具有大范围、全天候、全天时、动态的环境和灾害监测能力，主要用于环境与灾害监测预报 |
| NOAA | 高分辨率辐射计（AVHRR/2）、泰罗斯垂直分布探测仪（TOVS） | B1：0.58～0.68μm<br>B2：0.725～1.00μm<br>B3a*：1.58～1.64μm<br>B3b*：3.55～3.93μm<br>B4：10.30～11.30μm<br>B5：11.50～12.50μm | 提供昼夜影像，特征波段可用于反演植被、冰雪、气候、温度等信息 |

（续）

| 数据源 | 传感器 | 波段参数 | 应用方向 |
|---|---|---|---|
| EOS<br>（TERRA/<br>AQUA） | 中分辨率<br>成像光谱仪<br>（MODIS） | 共 36 个波段，光谱范围 0.620～14.385μm，主要波段设置如下：<br>B1（250m）：0.620～0.670μm<br>B2（250m）：0.841～0.876μm<br>B4（500m）：0.545～0.565μm<br>B15（1000m）：0.743～0.753μm<br>B22（1000m）：3.929～3.989μm<br>B30（1000m）：9.580～9.880μm | 可用于反演植被叶绿素吸收、植被信息、云雪信息、气溶胶、大气层性质、洋面温度、臭氧总量等指标 |
| 日本<br>葵花卫星 | 可见光和<br>红外扫描<br>辐射计<br>（AHI） | 3 个可见光、3 个近红外、10 个红外，可见光分辨率为 0.5～1km，红外和近红外的分辨率是 1～2km | 用于监测暴雨云团、台风动向以及持续喷发活动的火山等防灾领域，有效地观测热带气旋和云层的运动，还可以更精确地观测火山灰以及气溶胶的分布 |
| 风云三号 | 可见光红外<br>成像辐射仪<br>（VIIRS） | 22 个通道，光谱区间 0.3～14μm；可见光、近红外 9 个（0.4～0.9μm）；短、中波红外 8 个（1～4μm）；热红外 4 个（8～12μm）；1 个低照度条件下的可见光通道<br>分辨率：星下 400m | 测量云量和气溶胶特性、海洋水色、海洋和陆地表面温度、海冰运动和温度、火灾和地球反照率 |
| Landsat-8 | 陆地成像仪<br>（OLI） | B1（30m）：0.433～0.453μm | 主要用于海岸带观测 |
| | | B2（30m）：0.450～0.515μm | 用于水体穿透，分辨土壤植被 |
| | | B3（30m）：0.525～0.600μm | 用于分辨植被 |
| | | B4（30m）：0.630～0.680μm | 用于观测道路、裸露土壤、植被种类等 |
| | | B5（30m）：0.845～0.885μm | 用于估算生物量，分辨潮湿土壤 |
| | | B6（30m）：1.560～1.651μm | 用于分辨道路、裸露土壤、水 |
| | | B7（30m）：2.100～2.300μm | 用于岩石、矿物的分辨 |
| | | B8（15m）：0.500～0.680μm | 用于增强分辨率 |
| | | B9（30m）：1.360～1.390μm | 用于云检测 |
| | 热红外传感器<br>（TIRS） | B10（100m）：10.60～11.19μm<br>B11（100m）：11.50～12.51μm | 感应热辐射的目标 |
| GeoEye | — | 全色相机：0.41m<br>多光谱相机：1.65m | 具有高分辨率和极强的测图能力，可用于大面积成图项目和细微地物的解译与判读等方面 |
| QuickBird | — | 全色波段（0.61m）<br>多光谱波段（2.44m）<br>450～900nm<br>蓝波段：450～520nm<br>绿波段：520～600nm<br>红波段：630～690nm<br>近红外波段：760～900nm | 可用于测绘制图、军事侦察、农作物长势监测与预测、森林监测和管理、海岸带测绘与环境监测、自然灾害灾情评估等 |

（续）

| 数据源 | 传感器 | 波段参数 | 应用方向 |
|---|---|---|---|
| 高景一号 | — | 全色波段（0.5m）<br>450～890nm<br>多光谱波段（2m）<br>蓝波段：450～520nm<br>绿波段：520～590nm<br>红波段：630～690nm<br>近红外波段：770～890nm | 适用于高精度地图制作、变化监测和影像深度分析，可服务于测绘、国土资源调查、城市建设、农林水利、地质矿产、环境监测、国防安全和应急减灾等众多传统行业 |
| 航空影像数据 | 航空面阵相机 | — | 在小区域和飞行困难地区高分辨率影像快速获取方面具有明显优势，可从宏观上观测灾区、灾情以及因灾导致的空气、土壤、植被和水质状况，为应急救灾、灾情评估、灾后治理工作提供决策依据，也可以实时快速跟踪和监测突发环境污染事件的发展，及时制定处理措施，减少污染造成的损失 |
|  | ADS线阵相机 | 红波段：0.608～0.662μm<br>绿波段：0.533～0.587μm<br>蓝波段：0.428～0.490μm<br>近红外波段1：0.703～0.757μm<br>近红外波段2：0.833～0.887μm |  |

#### 1.2.1.2　光谱数据需求

不同的地物类型有着不同的光谱特征，因此在利用遥感图像提取信息时必须首先了解地物的光谱特征。

自然界中任何地物都有其自身的电磁辐射规律，如具有反射，吸收外来的紫外线、可见光、红外线和微波的某些波段的特性；他们又都具有发射某些红外线、微波的特性；少数地物还具有透射电磁波的特性，这种特性称为地物的光谱特性。物体对电磁波的辐射和反射能力随波长变化而变化，构成了各种物体在不同情况下具有不同的波谱特性，如图1-20所示。根据产生波谱信号的差异性，可揭示物体的特征，区别不同的地物类型。

同一物体的反射率曲线形态，反映出不同波段的反射率不同。根据林业监测需求，以横坐标表示波长，纵坐标表示反射率，画出城市、土壤、植被、水体典型地物的反射率曲线，如图1-21所示。

① 绿色植物具有非常独特的光谱反射特性，形成很有特色的光谱反射曲线，且无论高大的乔木、矮小的灌木或草本植被，只要正常生长，其光谱反射曲线都具有独特的形态特征。

② 自然状态下土壤表面的反射率没有明显的峰值和谷值。土壤的反射光谱特征主要受到土壤中的原生矿物和次生矿物、土壤水分含量、土壤有机质、铁含量、土壤质地等因素的影响。

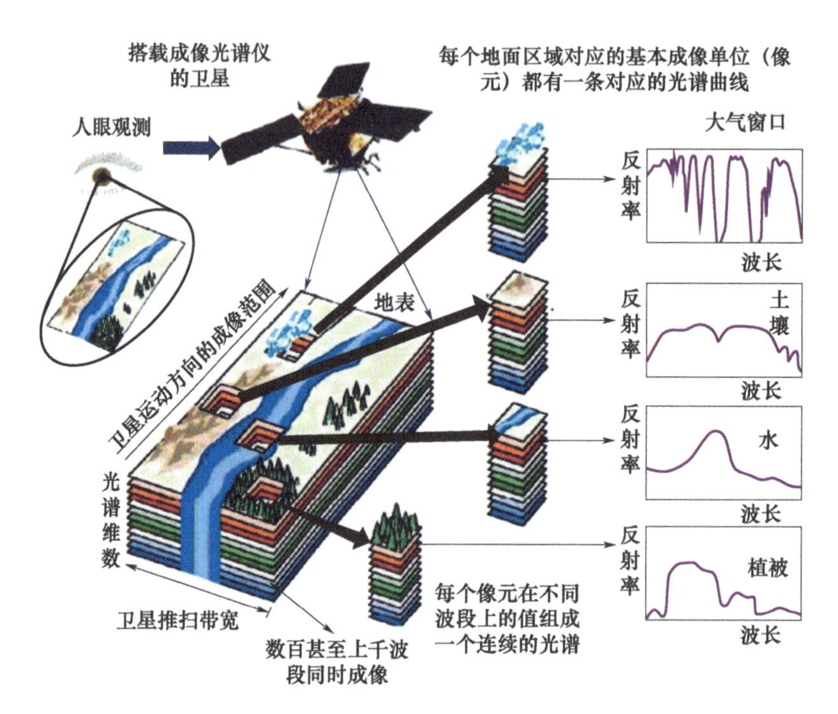


图 1-20　高光谱遥感“图谱合一”特性

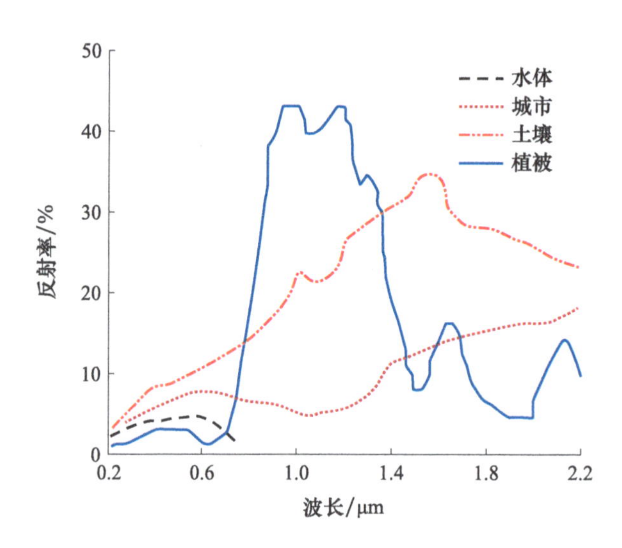


图 1-21　典型地物反射率曲线图

③ 水体的光谱特征主要是由水体本身的物质组成所决定，同时又受到各种水体状态的影响。地表较纯洁的自然水体对 0.7～2.5μm 波段的电磁波吸收明显高于绝大多数其他地物。在光谱的可见光波段内，水体中的能量与物质的相互作用比较复杂，光谱反射特性主要受水的表面反射、水体底部物质的反射和水中悬浮物的反射的影响。

按所利用的电磁波的光谱波段分类可分为可见反射红外遥感、热红外遥感、微波遥感 3 种类型，如图 1-22 所示。

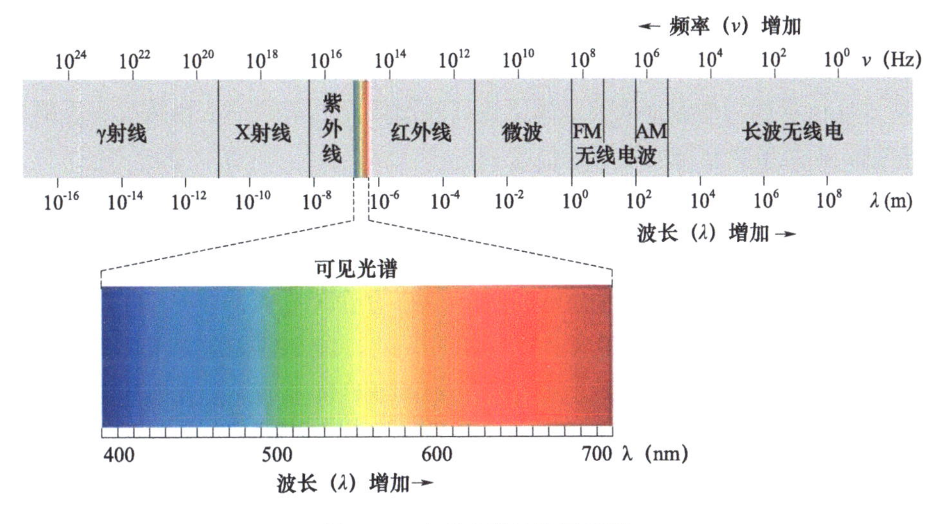


图1-22　电磁光谱波段示意图

目前正在运行的国内外地球探测卫星上传感器使用的波段特征如下。

① 可见光：可见光的波长主要在0.4～0.7μm，主要来源于太阳辐射。此波段不同地物亮度反差特性明显，易于区分，为探测地物的细微差别，也可将其分为红、绿、蓝等200余种不同波段。

0.4～0.5μm波段的图像：对水体有较好的穿透能力，另外一般地物在此波段的反射率较低，而雪山的反射率最大。因此该波段可用于水体浮游生物含量的判读、浅水底地貌的测绘。

0.5～0.6μm波段的图像：此波段对水体有一定的穿透能力，植被在此波段的反射率相对出现峰值，图像上易于区分植被的分布范围。另外通过与上面图像的比值结果的分析，可反映出水体的蓝绿比值。

0.6～0.7μm波段的图像：此波段受大气散射的影响较小，地物影像清晰，植物和水体的反射率较低，可用于植被范围和水体范围的确定。

② 红外线：红外线波长在0.7～1000μm，包括近红外、短波红外、中红外、热红外和远红外。因为该波段地物间不同的反射特性和发射特性，在遥感成像中有重要的应用。

0.7～1.1μm波段的图像：此波段记录地物的近红外反射信息，水体、湿地的反射率低，植被的反射率较高，由于植被的反射率有一定的差异，它们在图像上表现出不同的色调，可用于植被类别的分布调查、植被监控情况的调查和农作物长势情况的调查。

1.55～1.75μm波段的图像：此波段也属于近红外波段的图像，地物在此波段的反射率与其含水量有很大的关系，含水量高反射率下降。此波段适用于土壤含水量的监测及植被长势调查。

2.08～2.35μm 波段的图像：此波段记录的是地物的短波红外的辐射信息，用于地质制图。

8～14μm 波段的图像：此波段属于热红外图像，记录的不是地面目标反射太阳光的信息，而是地物自身的热辐射信息。

③ 微波：使用微波的遥感称为微波遥感，微波遥感用微波设备来探测、接收被测物体在微波波段（波长 1mm～1m）的电磁辐射和散射特性，以识别远距离物体的技术，是 20 世纪 60 年代后期发展起来的一门遥感新技术。与可见光、红外遥感技术相比，微波遥感技术具有全天候昼夜工作能力，能穿透云层，不易受气象条件和日照水平的影响；能穿透植被，具有探测地表下目标的能力；获取的微波图像有明显的立体感，能提供可见光照相和红外遥感以外的信息。

研究不同波段的反射率并以此与遥感传感器的相同波段和角度接收的辐射数据相对照，可以得到遥感影像数据和对应地物的识别规律。通过对照可见，不同波段图像对地物特征的反应是不同的，因此通过多幅图像完整、全面地反映地物信息是可能的。

#### 1.2.1.3 空间分辨率需求

航天遥感技术经过多年的发展，在光谱分辨率、空间分辨率、时间分辨率等方面都有了巨大的提升。空间分辨率是指遥感图像上能够详细区分的最小单元的尺寸或大小，是用来表征影像分辨地面目标细节的指标，通常用像元大小、像解率或视场角来表示。空间分辨率是评价传感器性能和遥感信息的重要指标之一，也是识别地物形状大小的重要依据。根据空间分辨率可大致分为高、中、低分辨率影像，但随着卫星影像地面分辨率由米级向亚米级逐渐提高，目前对高、中、低的界定并没有一个十分明确的指标，具有一定的相对性。

低分辨率的卫星影像通常是指像素的空间分辨率在 100m 以下的遥感影像，例如 NOAA/AVHRR、MODIS、SPOTVEGETATION 等，如图 1-23 所示。低分辨率遥感卫星通常具有更高的覆盖范围以及更高的重访周期，在水文监测、土地利用覆盖监测、草地估产、洪涝监测等方面均有广泛应用。

图 1-23　100m 分辨率卫星影像

中分辨率的卫星影像通常是指像素的空间分辨率在 10～100m 的遥感影像，例如 Landsat 系列、SPOT 系列、ATSER、HJ-1A、HJ-1B、Hyperion 等，如图 1-24 所示。中分辨率遥感卫星通常具有较宽的覆盖面积以及较高的重访周期，广泛应用于灾害监测、城市变迁等领域。

图 1-24　30m 分辨率卫星影像

高分辨率的卫星影像通常是指像素的空间分辨率在 10m 以内的遥感影像，例如 QuickBird、IKONOS、GeoEye-1，国内的高分系列、资源系列，无人机航拍数据等，如图 1-25～图 1-28 所示。高分辨率遥感影像能够较好地满足诸多用户的需求，广泛应用于资源调查、农作物长势、病虫害、土壤状况、地质勘查等领域。高分辨率遥感影像能够更加明确地表示出细节信息，以及空间信息，对于水和植被等信息识别，以及图像分类有明显的意义。

图 1-25　2m 分辨率卫星影像

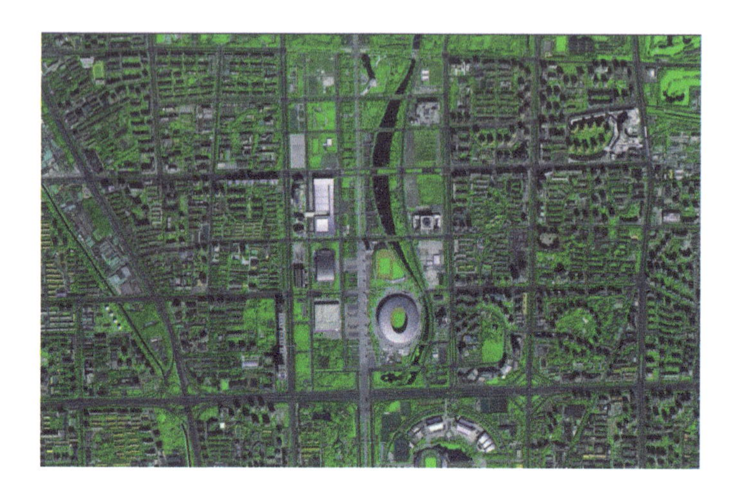

图 1-26　0.8m 分辨率卫星影像

图 1-27　0.5m 分辨率卫星影像

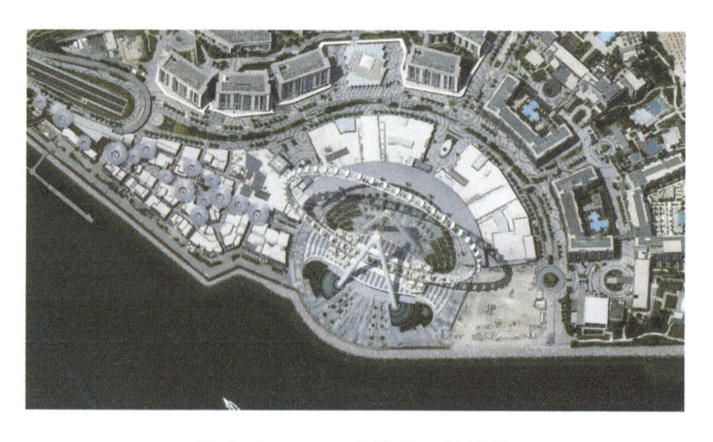

图 1-28　0.3m 分辨率卫星影像

空间分辨率的选择主要依据遥感数据的实际用途，不同应用领域以及应用研究的不同层次对遥感数据的空间分辨率有不同需求。

林业调查监测有识别违法建筑占用、林地草地湿地开垦破坏、林木采伐、灾害及生态保护修复等精细化目标监测的业务需求，主要依靠高分辨率卫星和航空相片来进行工作。可利用高分辨率融合影像，通过挖掘历史、现实遥感影像中蕴含的大量空间、波谱、时间等信息，结合地理参考矢量数据，进行解译规则集建立，实现目标智能提取，完成多源遥感数据的高精度地物自动分类，获取森林、草原、湿地的种类、数量、质量、结构、保护利用及其年度变化情况等。

#### 1.2.1.4　覆盖周期需求

根据监测周期的实际需求，遥感数据的选取重点考虑卫星的覆盖周期和重访周期。卫星的重访周期是指卫星重复获得同一地区数据的最短时间间隔，即卫星影像的时间分辨率，目前一般对地观测卫星的重访周期为 15～30 天，具有侧视功能的卫星，其重访周期会短些。一些合理分布的卫星群可以2～3 天甚至更短时就会对监测区重访一次。

由于卫星的运行寿命有限，运行中有可能会出现故障或者恶劣天气的影响，如只使用一种数据源，则难以满足每年覆盖监测区一次的要求，故需要使用多种数据源互相补充。又由于不同卫星的轨道参数不同，每景宽幅不一样，在选用多种数据源时，不可避免地会出现重叠及缝隙。因此，应对整个监测区统筹考虑，选择一种主数据源，再根据每年缺漏地区的大小和其他卫星的轨道及数据情况进行补充。另外，对于多种数据源，即使设计的光谱范围相同，也难免因传感器不同或定标量化带来误差，选择一种主数据源，可避免这些误差，更有利于前后两个年度的定量分析。

#### 1.2.1.5　数据时相需求

中国幅员辽阔，山川秀丽，海岸绵长，物产丰富，岛屿星罗棋布，河流、湖泊纵横交错，孕育着丰富的自然资源。自然界中的所有物体都与时间有关系，气候和物候就是时间作用的两个最明显例证。地表目标具有时相变化，同时有些地物或自然现象也在其发展的时间序列中表现出周期性重复的规律。由于遥感信息是瞬时记录，因而在遥感研究中必须充分考虑研究对象的时间特性，主要包括时效要求和变化规律。全色和多光谱影像时相获取的同步性，对影像融合质量起关键作用，不同时相的影像进行融合往往会造成地物的纹理特征和色彩出现矛盾，为影像解译带来很大困难。

还有植被季相变化显著，所以时相选择对调查成果的质量影响重大，森林资源调查通常使用树木展叶盛期的影像数据，有利于种群的分类识别和数量调查；湖泊湿地、河流湿地、沼泽湿地以及人工湿地应根据区域选择丰水期的影像数据；近海与海岸湿地应选取低潮时的影像数据；草地资源调查宜选择草地植物生长盛期的影像数据。

#### 1.2.1.6 几何定位精度需求

遥感成像的时候，因为各种原因（飞行器的姿态、高度、速度以及地球自转等），传感器获得的影像与地物的实际位置不吻合，导致几何畸变，这种畸变表现为像元相对于地面目标的实际位置发生挤压、扭曲、拉伸和偏移等。遥感影像几何畸变的因素主要包括：

① 遥感器的内部畸变，是由遥感器结构引起的畸变，如遥感器扫描运动中的非立线性等；

② 遥感平台位置和运动状态，包括由于平台的高度变化、速度变化、俯仰变化、轨道偏移及姿态变化引起的图像畸变；

③ 地球本身对遥感图像的影响，包括地球的自转、地形起伏、地球曲率、大气折射等引起的图像畸变。

几何校正，就是清除遥感图像中的几何变形，是遥感影像应用中一项重要的前期处理工作。几何校正包括几何粗校正和几何精校正，主要纠正或者赋予影像平面坐标。

在实际应用中，除了进行常规的几何校正外，还可根据DEM来纠正影像因地形起伏而产生的畸变，给图像加上高程信息，这样影像的定位精度会非常精确，方便对影像进行测量，可在影像中精确定位某些特征、采集供GIS使用的信息，也可将影像同其他精确校正影像结合起来，进行进一步复杂的分析。不同的林业监测内容对遥感影像的几何定位精度要求各不相同。

### 1.2.2 智能监测需求

#### 1.2.2.1 解译产品需求

遥感技术在空间分辨率和光谱分辨率方面的提升，以及航空航天遥感的发展，为林业遥感提供了丰富的数据和信息源，也拓宽了林业遥感应用的深度和广度。近年来快速发展的人工智能技术给林业资源监测和监管带来了新思路和新方法，“AI+遥感”可提升自动化影像识别和分析能力，能全面、快速、有效地探明林业资源分布情况，在林业资源典型地物类识别、林地调查和执法监督中初步应用，展现出广阔的发展前景。同时可在林业资源动态监测、森林病虫害监测、森林火灾预防等生态保护领域深入挖掘和应用。

根据数据处理级别、地理定位精度以及覆盖范围，林业遥感解译产品是实现林业遥感智能监测的基础性需求。经过分析，林业遥感解译产品可分为五级，见表1-2。

表1-2 林业遥感解译产品级别说明

| 产品级别 | 产品内容 |
| --- | --- |
| Level 0 | 主要指未经处理的原始遥感影像数据 |
| Level 1 | 卫星影像辐射校正产品 |
| Level 2 | 卫星区域网平差后的单景/区域产品 |
| Level 3 | 纠正影像镶嵌产品、数字表面模型产品 |
| Level 4 | 经匀光匀色处理的DOM、DEM |
| Level 5 | 林业解译专题要素产品 |

五级林业遥感解译产品对应的二级产品内容，概括起来见表1-3。

表1-3 林业遥感解译产品体系

| 一级产品级别 | 一级产品内容 | 二级产品级别 | 二级产品内容 |
| --- | --- | --- | --- |
| Level 1 | 卫星影像辐射校正产品 | 1A | 相对辐射校正 |
| | | 1B | 绝对辐射校正 |
| Level 2 | 卫星区域网平差后的单景/区域产品 | 2A | 区域网平差后单景正射纠正影像 |
| | | 2B | 区域网平差后镶嵌裁切正射纠正影像 |
| Level 3 | 纠正影像镶嵌产品、数字表面模型产品 | 3A | 纠正影像镶嵌产品 |
| | | 3B | 数字表面模型DSM |
| | | 3C | 反射率产品 |
| Level 4 | 匀光匀色处理的DOM、DEM | 4A | 正射影像融合产品 |
| Level 5 | 林业解译专题要素产品 | 5A | 林地专题 |
| | | 5B | 湿地专题 |
| | | 5C | 草地专题 |
| | | …… | …… |

#### 1.2.2.2 解译应用方向

(1) 林草生态综合监测评价

林草生态综合监测评价是按照《自然资源调查监测体系构建总体方案》框架，融合森林、草原、湿地、荒漠以及国家公园为主体的自然保护地体系等监测数据，构建涵盖各类林草生态系统状况信息的综合监测评价体系。该监测由原来的单项资源监测向多种资源综合监测评价转变，打开了我国林草调查监测的新局面，为准确掌握国家林草湿荒沙等资源的种类、数量、结构、分布、质量、功能、保护与利用状况及其消长动态和变化趋势，对科学开展森林、草原、湿地生态系统保护修复、资源监督管理、林长制督查考核、实施碳达峰碳中和战略等决策有着重要意义。

（2）森林资源监测

森林资源监测可理解为对包括一切森林资源在内的整个森林生态系统的监测，主要内容包括：

① 土地利用与覆盖：包括土地类型（地类）、植被类型的面积和分布；

② 森林资源：包括林木和林地的数量、质量、结构和分布，森林按起源、权属、龄组、林种、树种的面积和蓄积，生长量和消耗量及其动态变化；

③ 生态状况：包括森林健康状况、生态功能与碳汇功能，森林生态系统多样性，土地沙化、荒漠化和湿地类型的面积和分布及其动态变化。

（3）草地、湿地监测

草地资源监测是及时对草地以及草地上生长的动植物及其生态环境进行连续的现状调查和评估。准确掌握草地资源的数量、空间分布、类型、生态质量和利用状况，通过草地保护和恢复退化情况及相关数据可分析草地资源消长动态，推动草地数字化精准治理，提升草地生态空间服务质量，为草地保护和管理决策提供科学依据。

湿地方面，根据《关于特别是作为水禽栖息地的国际重要湿地公约》（简称《湿地公约》）要求，如缔约国境内的及列入名录的任何湿地的生态特征由于技术发展、污染和其他类干扰已经改变、正在改变或将可能改变，各缔约国应尽早相互通报。《湿地公约》第十四届缔约方大会在湖北武汉举办，中国作为缔约国已完成 3 次全国湿地资源调查，湿地调查监测体系已初步形成。目前我国共有 64 处国际重要湿地，为进一步提升湿地保护成效，需重点做好国际和国家重要湿地监测，构建国家、省级和湿地地点的三级监测体系。

（4）荒漠化、沙化监测

荒漠化、沙化监测可全面客观反映我国荒漠化和沙化土地的现实状况和动态趋势，对于科学指导荒漠化和沙化防治、推进“山水林田湖草沙”一体化保护与修复具有重要指导作用。目前我国已完成 6 次荒漠化和沙化监测，随着《沙化土地监测技术规程》（GB/T 24255—2009）和《防沙治沙技术规范》（GB/T 21141—2007）等国家标准、技术规程等的出台，我国荒漠化、沙化监测体系也日趋完善，包括重点地区的专题监测、年度趋势监测、植被长势监测等。

（5）森林灾害监测

森林灾害包括森林病虫害以及火灾、冻害、雪压、干旱、洪涝、滑坡、泥石流等生态环境灾害和人类活动破坏，均会给林业生产造成严重的经济损失和危害。森林灾害具有突发性、偶发性和周期性的生物学特点，因此需要全覆盖动态监测调查。

利用知识工程、模式识别、图像处理、深度学习等生产的影像分类、信息提取与变化检测产品，可在第一时间了解潜在的安全隐患，有效支撑森林病虫害、人类活动、生态环境灾害的实时监测预警。

## 1.3 林业遥感智能解译的难点及挑战

### 1.3.1 存在的主要问题

现阶段遥感技术和中高分辨率遥感影像已成为林业工作中不可或缺的技术方法和数据基础，我国在林业遥感方面虽然相比国外起步较晚，但发展十分迅速，为了能够大规模利用遥感技术开展森林、草原、湿地调查监测，深度建立健全监测体系，需对业务应用过程中存在的诸多问题进行攻克，具体如下。

(1) 数据资源分散

在开展林业遥感解译的过程中，针对各尺度的监测对象需要灵活应用不同分辨率的遥感影像，但因卫星的扫描周期和运行轨迹不同，如要满足监测区遥感影像全覆盖，则需要多种卫星影像的相互补充，才能快速有效获取监测所需数据。因此开展全面、动态的林业遥感监测需要大量的多源遥感数据融合，不然会制约遥感在林业领域应用的有效性。

(2) 影像缺乏实时处理能力

遥感影像数据是林业智能监测的基础，监测成果的优劣在一定程度上取决于影像质量，高精度的影像基础产品是后续处理的先决条件。系统化、工程化的动态监测需要大批量时效性强的影像资源，现阶段高精度影像产品的生产能力和处理效率仍达不到需求，对监测生产的精度和时效性都会造成一定程度的不利影响。

(3) 监测手段效率低、时效差

传统的林业遥感解译以目视解译为主，结合少量计算机自动分类为辅的方法。但由于变化类型较多，且同一类型的影像色调不完全一致，纹理特征也存在些许差异，采用一般的计算机自动分类有一定的困难，而人工目视解译耗费的时间又较长。因此，传统的监测方法或许能够满足以 5 年或 10 年为监测周期的资源清查，但随着动态监测、实时监测需求的出现和升级，传统监测方法就现出了诸多弊端。

(4) 缺乏动态监测能力

在以往的资源调查应用场景中，林业资源监测基本都是针对单一类别监测目标进行信息提取，但随着航天航空卫星资源以及遥感技术的发展，林业资源监测体系及业务化水平不断推进，序列监测、实时监测、动态监测的需求日益增加，动态监测更有助于掌握区域内林业资源整体变化情况，辅助综合评价与总体规划决策。

（5）欠缺系统性建设及业务化应用推广

随着社会经济的高速发展，社会信息化水平也在不断提升，森林、草地、湿地资源调查与监测的手段和方法也在逐步突破，但系统性指导建设内容较少。目前有关于林业遥感监测的数据采集、信息提取与分析的研究很多都聚焦在理论和技术的角度，欠缺对实际业务应用场景的全面考虑和系统性建设，因此现有研究成果在生产性的年度监测、动态监测中实用性、推广性不足。基于遥感的林业智能解译技术系统化、工程化、智能化水平有待提高。

## 1.3.2 智能解译重难点

### 1.3.2.1 建设数据资源组织与管理能力

数据资源是宝贵的财富，要快速有效获取监测所需数据，就对多源数据管理提出了一定要求。建立林业遥感数据库，整合并集成基础地理信息数据、林业调查数据、社会统计数据等各种数据资源，同时不断更新各类新数据、新产品，方能形成全覆盖、全信息、多尺度、多时相、多元一体化的林业数据资源库。

其难点在于对多源异构数据的统一管理、整合与集成，以及根据各类数据的结构特征进行整理与划分，进行统一标准的抽象建模。

### 1.3.2.2 建设高性能实时影像处理能力

为保证监测结果的有效性和准确性，需在影像处理时应用成熟、快速且结果可靠的影像处理方案。面向高、中、低分辨率影像，需具备大气校正、正射校正、影像融合、影像镶嵌等数据处理能力，实现海量遥感影像的标准化、高速化、自动化、批量化生产，为林业智能监测业务工作的开展提供基本影像数据产品保障。

其难点在于两个方面：一是卫星遥感影像数据量大，传统的影像处理与调度大多以文件为单元，大量计算时间消耗在数据读取与写入过程，极易因海量数据网络调度、存储 I/O（input/output）等问题引起数据堆积和丢失现象，严重制约处理效率的提升，无法满足高效处理要求。因而需针对海量遥感影像实时快速的处理需求，解决系统 I/O 造成的瓶颈，融合遥感影像处理技术与高性能计算技术，通过研究计算存储一体化策略，利用 GPU 零开销的线程切换特性和内存环境下的数据组织方式，减少内存与磁盘间的数据交换，并行处理系统中的数据传输，形成影像处理、应用各个环节的流式计算模式（图 1-29）。

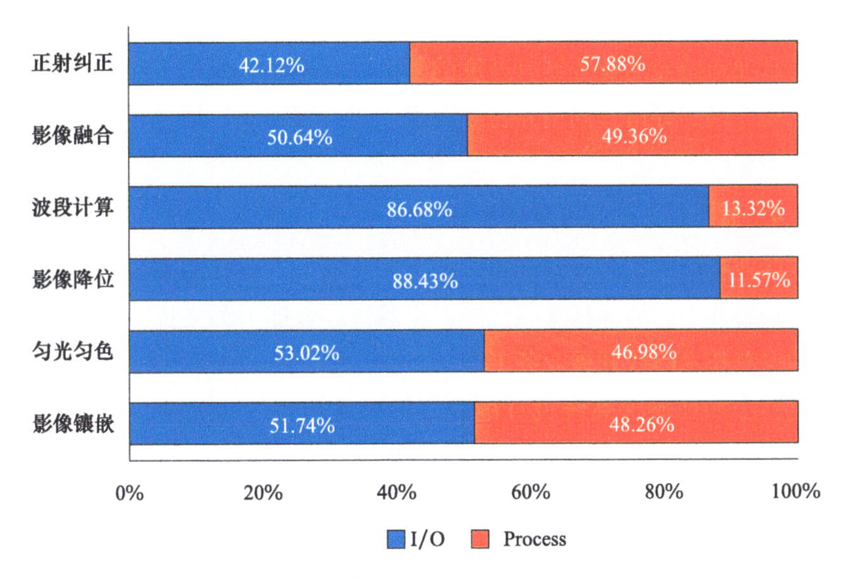


图 1-29 卫星影像处理过程 I/O 与计算时间关系

二是超大规模卫星遥感影像整体区域网平差，影像产品位置精度不仅仅是绝对位置精度，还包括相对精度问题、位置基准不统一对影像产品生产造成的巨大困扰。比如，不同数据源、不同批次、分布状况，因控制基准不统一，会产生几何定位、数据接边等问题。不同卫星影像的成像模式不同，影像分辨率、成像时间、光谱信息、初始定位误差等均存在较大的差异性，部分传感器的初始有理多项式系数(rational polynomial coefficient，RPC)定位偏差悬殊，增加了多源影像连接点匹配与联合平差的难度，进而降低了自动处理的成功率与有效性，需要兼容性更强的自动处理策略或更加合理的生产方案，减少由此带来的人工干预的工作量。传统生产中常采用数字正射影像(digital orthophoto map，DOM)数据作为平面控制资料，但 DOM 数据多为前期多个项目的成果，其分辨率、几何精度、光谱质量等信息的一致性差。并且与基础地理信息数据之间可能存在局部套合误差超限的情况，在一定程度上影响着 DOM 成果的几何定位精度与接边的一致性质量，开展超大规模卫星遥感影像整体区域网平差很有必要。

#### 1.3.2.3 构建基于智能解译的监测技术方法

与以往人工目视解译为主的监测技术路线不同，基于智能解译的监测技术方法是依托智能统计分析和深度学习技术，以多时相影像数据与历史解译资料为输入，然后开展自动信息提取与变化监测，再对智能解译结果辅以人工修正精编，从而实现高效高质监测。

其难点在于构建面向业务应用的快速与精度兼具的智能监测解译能力。在传统的遥感解译应用中，多是基于像素和面向对象方法来实现信息提取与变化发现，该类方法在多领域的小场景应用中取得了良好的效果，但是在大范围应用中存在诸多挑战。还有林业遥感监测业务具有高度的复杂性，遥感影像由于时相差异、辐射差异、投影误差、同物异谱、同谱异物等因素干扰，增加了影像自动分类和变化检测的难度。

#### 1.3.2.4 面向林业的智能解译系统

解决实际业务应用，必须建设相应的系统化能力，包括遥感影像处理能力、智能解译模型训练能力、解译精度评价等，在系统综合能力的支撑下才能更好地利用智能解译的监测技术路线开展业务工作。

其难点在于如何确保系统设计的先进性、系统性、前瞻性、可操作性和兼容性等。

## 1.4 小 结

林业遥感发展几十年，经历了航片判读、卫片解译等阶段，随着遥感技术的蓬勃发展以及遥感数据源的扩增，林业遥感研究成果不断更新，技术应用也取得了丰富的成果。随着国家对森林、草原、湿地等资源调查监测需求的逐步提高，遥感作为主要技术手段，需进一步深入研究其智能解译技术，大力推进智能监测业务化、系统化建设，以期在林业资源调查、资源动态变化、火灾预防、病虫害监测、荒漠化监测等方面起到更加强有力的支撑服务作用。

# 第 2 章
# 遥感影像处理

本章从林业遥感智能解译处理与生产的应用要求出发，具体阐述了：遥感影像生产过程中所涉及的处理技术和生产工艺；建立以国产卫星数据为主要数据源的遥感影像控制基准网，构建不同控制等级的控制基准，实现局部区域的数据动态接入和自动配准处理；应用实时处理技术进行数字正射影像生产，实现从正射纠正、匀色处理、融合处理到镶嵌处理的全自动化生产能力。

## 2.1 遥感影像控制基准网建设

在常规遥感影像生产处理过程中，需要采用控制基准对遥感影像进行精细化改正，以获得满足几何定位精度要求的数字正射影像产品，保证多期产品之间的配准精度。传统控制基准数据主要包括外业测量控制点或参考正射影像（辅助参考地形数据），但是外业测量控制点依赖专业技术人员实地采集，困难地区操作难度大，难以实现密集布控，限制条件较多，内业应用过程中容易出现精度损失，不具备自动化处理条件；其次，基于历史正射影像和参考地形数据的定位处理可以实现自动处理，然而实际生产过程中难以实现真正射，导致重采样后的成果影像局部区域出现精度不准的现象，且生产工艺烦琐，难以实现快速更新。由此可见，传统控制基准数据因自身局限性已无法满足遥感影像定位的新要求，如图 2-1 所示。

遥感影像控制基准网是以卫星遥感数据区域平差网为基础构建的、服务于遥感影像几何精处理的基准框架。采用经过几何校正的 1B 级卫星遥感数据进行平面或立体空间信息的采集和量测，其几何模型更加严密，能够有效避免传统正射影像生产过程中的误差累积和精度损失，显著降低因时相差异导致的同名点匹配难度，具有几何控制可靠度高、可转变不同控制等级的空间基准等特点，更符合对作为控制基准的精度要求，不仅完全满足外业控制点和历史正射影像的应用场景，同时在自动化处理和高精度定位等方面独具优势，为实现遥感影像的快速处理提供了全面的技术支撑。

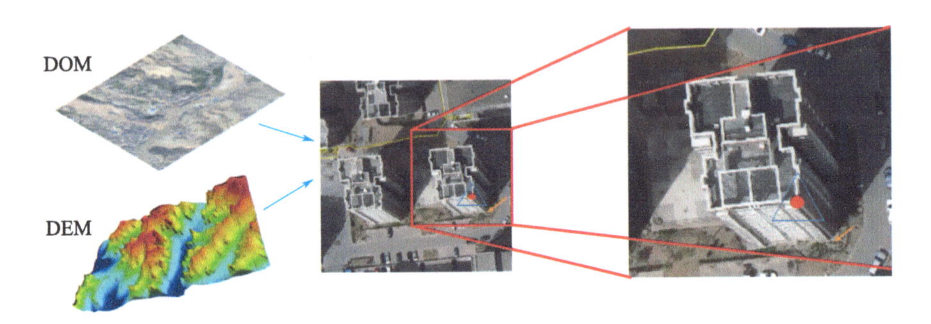


图 2-1　正射影像加高程模型作为控制的方式不适应于更高精度的几何定位基准

## 2.1.1　基准网建设基本原则

遥感影像控制基准网（简称基准网）是光束法平差处理后带有精确几何定位参数的影像数据集。因此，参与处理的原始卫星数据与控制资料（参考正射影像和参考地形数据）的数据质量将会直接影响控制基准网的成果精度。常规数据生产过程中，正式启动数据处理之前，会提前分析所有生产材料，充分了解原始数据类型、覆盖情况等，同步核查参考控制资料的精度、覆盖情况，对各种资料进行筛选整理，保障其满足生产要求。

因此，为了保证遥感影像控制基准网的数据时效性和应用有效性，建议优先按照以下原则对原始卫星数据和控制资料进行筛选和整理，明确基准网成果输出格式，便于数据成果的管理与应用，如图 2-2 所示。

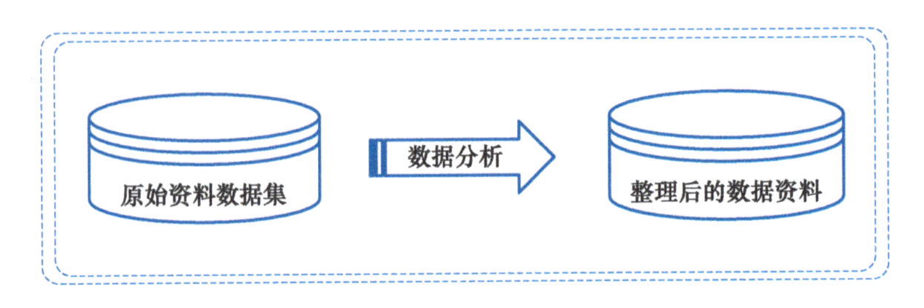


图 2-2　数据分析整理数据关系图

### 2.1.1.1　原始卫星数据选用原则

考虑到不同时相、不同传感器类型的卫星遥感数据在初始定位精度、空间分辨率、观测视角、时间分辨率等方面存在明显差异，用于构建遥感影像控制基准网的原始卫星数据应优先满足地物清晰、影像层次丰富、纹理细节清晰，地物合理接边、无重影和发虚现象，无明显噪声、斑点、坏线、接痕和变形，且无异常高亮等原则，尽量采用高质量卫星遥感数据进行控制基准网的构建和更新，具体如下：

① 原始卫星遥感影像辐射分辨率为 8bit 或 16bit；

② 影像清晰，无大面积噪声、条纹等，云雪雾覆盖量不大于 10%；

③ 山地、高山地卫星遥感影像侧视角不大于 10°，平地、丘陵地卫星遥感影像侧视角不大于 20°；

④ 影像间重叠度不宜过小或过大，一般不宜小于 10%，不宜超过 60%；

⑤ 影像提供参数完整，RPC 初设定向误差不宜大于 100m，影像经过传感器几何校正，无内部畸变。

#### 2.1.1.2 参考控制资料选用原则

参考控制资料包括外业测量控制点、参考正射影像、参考地形数据，准备过程中应依据以下建议进行确认和筛选：

① 外业测量控制点应同时具备控制点物方位坐标和点之记文件，平面为 WGS84 经纬度坐标，高程为椭球高；

② 参考正射影像应提供 tiff 或 img 格式，支持平面和经纬度投影，内部精度一致、图面清晰无错位，全部覆盖原始卫星测区；

③ 参考地形数据应提供 bil、tiff、img 格式，具备空间参考信息，高程基准为椭球高，全部覆盖原始卫星测区，且现势性强。

#### 2.1.1.3 控制基准网成果格式

遥感影像控制基准网主要包括原始卫星影像、改正后 RPC、参考地形数据（可选）、连接点数据、控制点数据、绝对定位精度报告、相对精度报告，根据不同的应用场景和数据条件，可参考以下原则输出控制基准网成果：

① 依据不同的业务场景和生产要求，可按需构建不同区域、不同规模的基准网；

② 区分不同分辨率、不同传感器类型的卫星遥感数据构建基准网，如对于高分二号 0.8m 数据、资源三号立体数据，应分别构建 0.8m 平面控制基准网和资源三号立体控制基准网；

③ 基准网所有数据均采用统一空间基准，其中，坐标系采用 WGS84 坐标系，高程基准为椭球高；

④ 依据不同分辨率对基准网成果进行存储和更新，数据格式为“*.MDL”，增量更新成果格式为影像（img、tif 或 tiff）和改正后的 RPC。

### 2.1.2 基准网建设生产流程

围绕卫星遥感数据展开分析和研究，完成遥感影像控制基准网建设生产方案，利用亚像素精确定位的卫星遥感影像同名点位匹配技术，快速完成同名点自动采集，同时结合多级粗差检测和剔除策略，进一步筛选高精度、高密度的同名点数据；利用多源卫星遥感影像联合区域网平差技术，解决平面或立体场景下大规模卫星遥感

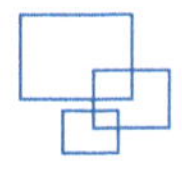



数据的整体解算，保证数据成果的相对接边精度与绝对定位精度，构建遥感影像控制基准框架，其技术路线如图 2-3 所示。

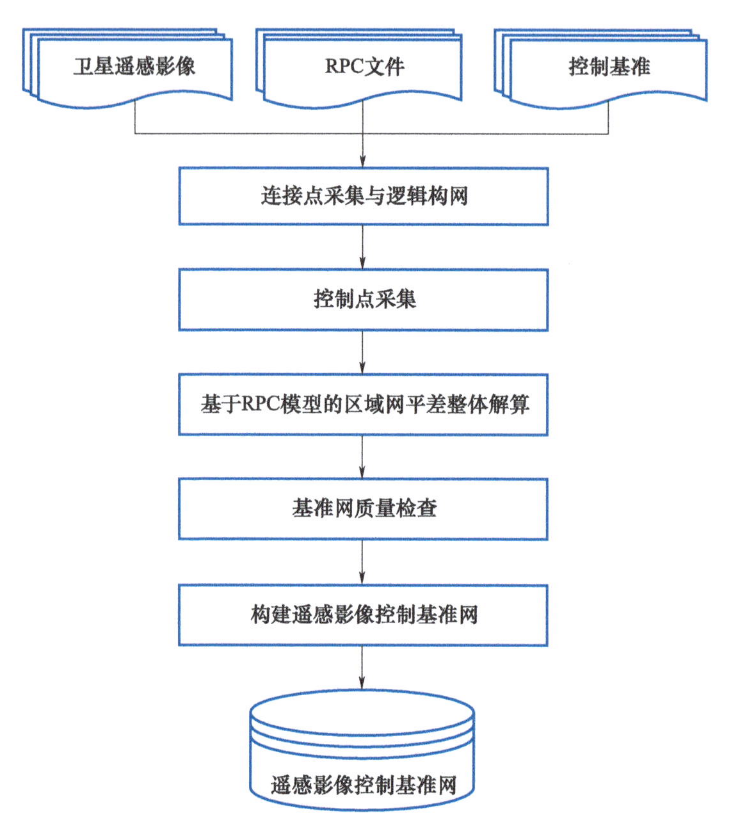


图 2-3　遥感影像控制基准构建技术路线图

(1) 连接点采集与逻辑构网

利用连接点规划匹配功能，自动完成卫星遥感影像之间的连接点采集，经过粗差剔除和点位优选，获取高精度、高密度的连接点数据，获得卫星遥感影像的相对位置关系，初步完成逻辑构网，以像方文件格式输出连接点数据，用于后续的平差处理。

(2) 控制点采集

利用控制点规划匹配功能，自动完成卫星遥感影像与参考控制基准数据之间的控制点采集，获得高精度控制点数据，以改正卫星遥感影像的绝对定位精度，按照物方文件和像方文件的方式输出控制点数据，用于后续的平差处理。

(3) 基于 RPC 模型的区域网平差整体解算

利用区域网平差解算功能，基于连接点数据、控制点数据以及卫星影像初始定位参数文件（RPC 文件），对整体测区进行联合区域网平差处理，解算至目标阈值范围内后，获取改正后的定位参数文件。由于解算过程中具有绝对控制信息（即控制点数据），由此获取的改正 RPC 数据也具有高精度的绝对几何定位精度和能力。

（4）基准网质量检查

利用质量检查模块提供的多种质检工具，对上述平差解算结果进行初步质量检查，比如立体模型较差检查、弱连接检查、布设检查点进行检查等，快速识别问题区域。

（5）构建遥感影像控制基准网

完成基准网的数据精度检查后，按照标准格式导出遥感影像控制基准网成果。

### 2.1.3 基准网建设更新流程

利用遥感影像控制基准网动态更新平差技术，快速完成多批次、多传感器、离散分布的待更新卫星影像的增量式区域更新平差处理，自动完成现有控制基准网的快速更新，解决控制资料不全面、基准不统一对动态更新的精度与时效性影响，流程如图 2-4 所示。

（1）增量式区域网更新平差

基于连接点数据、基准点数据、待校正卫星影像及其 RPC 文件、基准网影像及其 RPC 文件，执行增量式区域网更新平差。在解算过程中，维持基准网影像的仿射变换参数、连接点（包括弱交会点）三维坐标不变，仅提供控制基准而不会被调整或改动，同步对待校正卫星影像的定位参数进行改正，输出待校正卫星影像的改正定向文件（RPC 文件）。

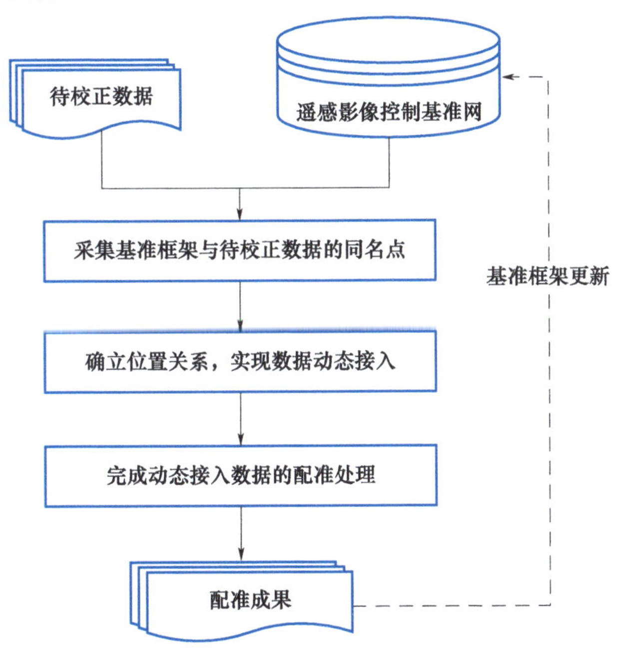


图 2-4　基于遥感影像控制基准框架的动态更新技术流程图

（2）控制基准网更新处理

待校正影像经过几何校正处理后，如果新增影像的时相、成像效果、云量等条件满足建网原则，利用基准网更新工具，自动将该数据增加至原有基准网或替换对应位置的基准网影像，完成对卫星影像控制基准网进行整体或局部更新维护。

### 2.1.4 基准网成果质检流程

遥感影像控制基准网生产完成后，需要组织检查基准网成果质量，通常情况下，可采用人机交互质检方法，检查内容包括：

① 对于基准网影像数据进行内部接边检查，确定基准网影像之间的相对位置关系和接边精度是否满足生产标准要求；

② 检查基准网影像与参考控制底图之间的绝对位置套合情况，确定基准网成果数据的绝对位置精度是否满足生产标准要求；

③ 检查基准网影像图面是否有黑洞等无效值，是否存在曝光、纹理缺失或色彩异常等现象，是否存在扭曲、变形等现象。

在质量检查工作中，应优先使用软件自动检查，基于参考控制资料，采集补充检查，计算获得检查结果。同时配合人机交互检查，通过人工检查核对色彩、图像、接边等，确保数据没有遗漏、图像表现合理，保证数据的完整性、正确性，主要包括以下几种方式：

① 计算机自动检查。通过软件自动分析和判断结果，比如，可计算值（属性）的检查、逻辑一致性的检查、值域的检查、各类统计计算等；

② 计算机辅助检查。通过人机交互检查，筛选并人工分析和判断结果，比如，检查有向点的方向等；

③ 人工检查。针对无法通过软件进行自动检查的内容，需要采用人工检查的方式，比如，是否存在要素遗漏等。

质检过程中发现的各类问题，均应采用相应手段进行修改或调整，对于遗漏、差错等问题修改至正确为止；对于各类中误差超限等质量问题修改或返工至符合质量要求为止；已修改的质量问题均应复查。

## 2.2 遥感影像实时处理

随着高分辨率对地观测技术的飞速发展，遥感影像的质量与体量均呈现爆发式增长，极大程度上推动着卫星遥感影像的技术研究和应用范围。尤其是近些年来，我国高分辨率遥感卫星的陆续成功发射，以高分系列和资源系列为代表的遥感影像数据分辨持续突破，多视角观测能力和观测频次实现阶梯式跨越，每天都会有 TB 乃至 PB 级的高分辨率遥感影像产生，各个应用领域对海量遥感数据处理的需求逐渐旺盛，但受处理技术限制，数据有效利用率仍然处于初级阶段，上升趋势存在很大潜力。

通常情况下，卫星遥感影像数据处理的工序基本以“文件”为单位，具有计算密集、吞吐等特点，生产流程冗杂。常规影像数据处理过程通常包括正射纠正、影像融合、匀色处理、影像镶嵌等多个环节，每个处理环节均需要对数据进行密集的读取、计算和输出，进而造成大量的 I/O 开销，很大程度上限制着遥感卫星影像的生产效率，中间成果数据体量庞大，同时对存储设备及其利用频率提出更高要求。综上所述，传统处理技术已经难以应对大规模场景下的遥感卫星影像快速处理和精细化生产的应用需求。

面对日益增长的多源、海量遥感卫星影像数据处理需求，实时处理技术以实时计算为核心，构建形成一种轻量级的产品解决方案，通过后台影像自动分析，构建各环节所需中间参数，建立实时处理模型，形成“零 IO”处理模式；研究 CPU-GPU 协同计算技术，实现各分级产品的“实时渲染”和“实时处理”，为遥感影像处理节省巨大的人力、物力和时间成本；用内存分布式计算框架与虚拟镶嵌技术，构建像素级处理链，有效减少中间过程对 I/O 的损耗，同步降低对存储空间的需求，形成影像处理各个环节的流式计算模式，实现实时/近实时的影像基础产品生产，具体包括以下几点。

（1）实时处理模型构建

鉴于遥感影像处理过程复杂、处理环节较多等特点，优先针对输入数据进行预处理，基于同一个处理平台创建处理模型，用于执行像素级并行计算。建模过程中，需要针对每个处理环节进行统计分析，获得处理过程中所必需的各项信息，比如直方图、均值方差等特征值，波段数、位深等数据描述信息，既能够统一输入数据，同时针对后续处理环节提供数据基础，摆脱对于实体数据结果的依赖，真正地将数据流转模式由“内存—硬盘”升级为“内存—显存”方向。

（2）CPU-GPU 异构环境下的混合计算

在不同业务场景下，CPU 处理能力和 GPU 处理能力的表现优势具有明显差异，经过对比分析，采用 CPU 进行计算任务的管理，结合“GPU 零开销线程切换”特性，协同 CPU 共同参与运算，可有效解决数据处理过程中存在的计算瓶颈和 I/O 瓶颈，显著提升处理效率。

（3）遥感影像并行化处理

遥感影像处理过程中存在频繁的“读取—计算—写入”，要求数据生产设备具有高效存储与快速计算等能力，尤其是近些年来，直接采用内存对海量在线数据进行存储和管理的模式，能够有效解决遥感影像处理的数据的 I/O 密集问题。

遥感影像实时处理技术基于内存像素处理链的影像并行化处理技术，在内存中搭建分布式计算框架，同步在内存环境下进行数据组织，实现影像的并行化处理，有效减少内存与磁盘间的数据交换，形成影像处理各个环节的流式计算模式，实现遥感影像“Input-Process-Output”异步数据传输，有效打破传统基于影像数据文件进行工序流转模式所固有的效率瓶颈。

（4）大区域影像虚拟镶嵌

传统影像镶嵌技术依赖实体化数据处理，涉及多个生产工艺与处理环节，处理过程同步输出大量过程数据，且难以实时预览处理效果。

遥感影像实时处理技术采用CPU-GPU协同计算模式，研究镶嵌数据集的调度和渲染、自动镶嵌网规划、匀色实时预览等方法，在不产生中间计算过程的前提下，以秒级的处理效率进行虚拟镶嵌并可视化显示，实现以图像图形类地理信息数据为基础的所见即所得的快速镶嵌，减少反复迭代处理产生的数据存储、数据交换与复杂计算的消耗。

## 2.3 大气校正

### 2.3.1 基本原理

辐射能，即电磁波的能量，主要包括电磁波中电场能量和磁场能量的总和。大气层会对辐射能产生衰减作用，比如散射、吸收等，使得光谱分布产生变化。卫星传感器会接收太阳辐射的地表反射信息，包括地表信息和大气分子信息，由于大气的散射和吸收等，使得卫星传感器最终测得的地面目标的总辐射亮度并不是地表真实反射率的反映，其中包含了由大气吸收，尤其是散射作用造成的辐射损失，使得所获取的遥感数据存在辐射误差，同一个目标地物在不同影像上的光谱表现出现明显差异，很大程度上降低了地表参数定量反演的精度。大气校正就是消除这些由大气影响所造成的辐射误差，反演地物真实光谱信息的过程。

通常情况下，造成遥感数据产生辐射误差的两种主要环境衰减包括：①大气散射与吸收引起的大气衰减。②地形衰减。然而，并非所有遥感数据处理过程中都需要进行大气校正，而是取决于问题本身、可以得到的遥感数据的类型的历史与当前实测大气信息的数据和遥感数据中提取生物物理信息所要求的精度。

大气校正的基本原理是在假设待校正遥感图像上存在黑暗像元、地表朗伯面反射和大气性质均一，并忽略大气多次散射辐照作用和邻近像元漫反射作用的前提下，反射率很小（近似0）的黑暗像元由于大气的影响，使得这些像元的反射率相对增加，那么可以认为这部分增加的反射率是由于大气影响产生的，将其他像元减去这些黑暗像元的像元值，就能减少大气散射对整幅影像的影响，达到大气校正的目的。

### 2.3.2 处理方法

遥感图像的大气校正处理方法很多，这些校正方法按照校正后的结果可以分为两类：一类是绝对大气校正方法，是将卫星传感器接收到的像元亮度值转换为地表反射率、地表辐射率、地表温度的过程；一类是相对大气校正方法，是指将不同遥感图像上的所有像元辐射亮度值变化到同一种大气条件的过程，使得不同遥感图像之间更具有可比性，其结果不考虑地物的实际反射率。目前，常用的大气校正处理方法如下。

（1）6S 模型

6S 模型是法国大气光学实验室和美国马里兰大学基于 5S 模型的基础，采用 FORTRAN 语言进行完善改进的模型，是目前发展比较完善的大气校正模型之一，能够模拟太阳到地表再到传感器的过程中，大气辐射对辐射传播的影响。由于模型采用最邻近似算法来计算大气中的水汽、臭氧、二氧化碳等气体分子的吸收效应和气溶胶的散射效应，利用逐次散射（successive order of scattering，SOS）算法来计算散射作用，能够更好地模拟实际大气状况，与 5S 模型对比，处理精度更高。

（2）最暗目标法

最暗目标法由 Have 于 1988 年提出，主要基于两种假设条件：大气效应在整个研究区域范围内是均匀的；黑暗目标存在。最暗目标法的输入数据依赖影像自身信息，能够从影像头文件中获取，不需要瞬时试场的实测大气参数和卫星同步光测参数，操作简单，实用价值更高，处理过程主要分为：

① 在影像上选出最暗目标；

② 从影像上减去最暗目标对应的像元灰度值。

（3）直方图归一化

受到不同观测条件的影响，相同地物在遥感影像上的光谱表现会存在明显差异，在此基础上，如果能够同时确认没有受到大气影响的区域和地表类型相同的区域，可以利用直方图归一化来对受到影响区域的直方图进行调整。

（4）Flaash 大气校正

Flaash 大气校正方法采用 MODTRAN 4＋辐射传输模型的代码，基于像素级的校正，针对漫反射引起的连带效应进行处理，调整漫反射引起的连带效应与人为抑制导致的波谱平滑。

Flaash 大气校正方法支持多种传感器类型的大气校正处理，包括多光谱数据、高光谱数据、航空影像等，处理效果与处理精度更高，无须大气参数数据，能够有效消除大气与光照等因素对地物反射的影响，获得地物较为准确的反射率和辐射率、地表温度等真实物理模型参数。

## 2.4 图像配准

图像配准是指利用一定的算法和技术，将不同传感器、不同时相以及不同拍摄条件下的两幅或多幅图像进行匹配和叠加的过程。获取两幅图像的空间变换关系，将一幅图像映射到另一幅图像上，再对其像素进行重采样。图像配准已经广泛地应用于遥感数据分析、图像处理等领域。图像配准要求参与配准处理的两幅图像具有同名地物，这是实现图像配准的基本条件。

通常情况下，图像配准主要包括两个环节：配准匹配和配准校正。首先，对两幅图像进行特征提取得到特征点，同时进行相似性度量找到匹配的特征点对，获得两幅图像的同名点；其次，利用匹配的同名点构建两幅图像的空间变化参数，并利用坐标变换参数进行配准校正，获得配准图像。

### 2.4.1 配准匹配

配准匹配是指采用具体的匹配算法和匹配技术，对两幅图像的内容、特征、纹理、灰度的相似性、一致性以及对应关系进行分析和处理，识别两幅图像之间同名地物并获取坐标信息，用于建立两幅图像之间的空间变换关系。

同名点匹配精度会直接影响配准图像的精度水平，因此，需要选用合理的匹配算法进行配准匹配处理。其中，特征匹配是目前图像匹配最为常用的方法之一，该方法基于尺度不变特征变换（scale-invariant feature transform，SIFT）提取同名点信息，对地物的尺度变化、光照强度以及遮挡等场景具有较好的适应性，主要处理流程如下。

（1）影像灰度预处理

影像灰度预处理采用 Wallis 滤波技术对影像进行增强处理。由于 Wallis 滤波属于局部影像变换方法，使影像反差小的区域反差增大，影像反差大的区域反差减小，因此，通过 Wallis 滤波增强后的影像，原本灰度变化微小的区域，其信息得到充分增强，以此获取更多的特征点，有利于匹配。其处理前后的对比，如图 2-5 所示。

图 2-5 原始影像与 Wallis 滤波增强影像对比效果图

（2）提取两幅图像的特征点

采用经典 Harris 角点检测算法提取特征点，其基本原理是取以目标像素点为中心的领域设置计算窗口，将其沿着任何方向进行移动，同时计算移动过程中的灰度变化，依次搜索特征点，如图 2-6 所示。

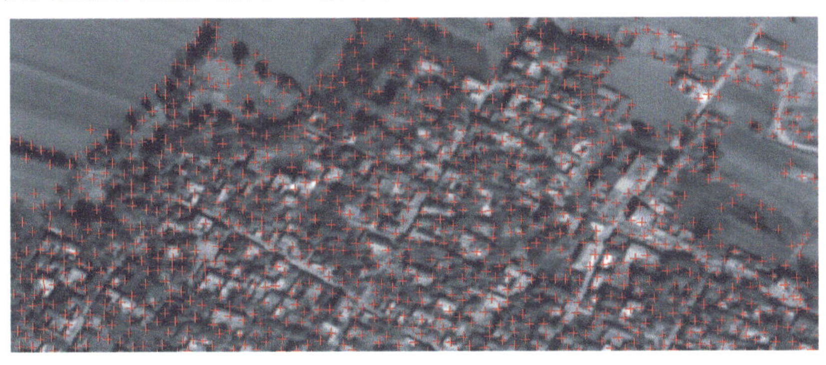

图 2-6　特征点搜索与提取结果示例图

当自相关函数的近似 Hessian 矩阵 $M$ 的两个特征值较大则为特征点。采用角点响应值作为判断依据，确认该特征点是否为角点，即将矩阵 $M$ 的行列式值与 $M$ 的轨迹进行相减，再将差值与给定的阈值进行比较。角点响应函数 $R$ 的计算公式为：

$$R = \det(M) - k\left[trace(M)^2\right]$$

为了使特征点分布较为均匀，不再用非极大值抑制，而选取容忍距离，在容忍距离内只有一个特征点：首先，选取一个具有最大、最小特征值的点作为角点；其次，依次按照最大最小特征值顺序寻找余下的角点，当然和前一角点距离在容忍距离内的新角点忽略。

（3）特征匹配与粗差剔除

首先，对左右影像进行归一化处理，用于消除两幅影像在亮度、对比度上的差异，其中，归一化的基本公式为：

$$f'(i,j) = f(i,j) - \sum_{\substack{i-r<m<i+r \\ j-r<n<j+r}} f(m,n)$$

式中：$m$、$n$——左右影像特征点数；

$i$、$j$——像元行列号，即像方坐标；

$f(i, j)$——像元 $(i, j)$ 灰度值；

$r$——窗口半径。

其次，根据左右影像特征点计算获得相关系数矩阵。由左影像特征点数 $m$ 和右影像特征点数 $n$，组成一个 $m \times n$ 二维相关系数矩阵 $M$，根据给定的搜索范围逐一计算每一个特征点所对应的相关系数，分别获取行方向和列方向的相关系数最值。当行列最值点索引相同且相关系数大于给定的阈值，则认为该特征点对属于初始匹配点对，在此基础上，采用 RANSAC 方法剔除匹配粗差得到最终匹配点。

## 2.4.2 配准校正

### 2.4.2.1 多项式空间变换

多项式纠正处理过程中，将遥感图像的总体变形看作是平移、缩放、旋转、仿射、偏扭、弯曲以及更高次的基本变形的综合作用结果。采用适当的多项式直接对图像变形本身进行数学模拟，利用两幅图像的同名点计算变换参数计算多项式参数，不再受到严格成像空间几何过程的影响，更易于操作和实现，通常包括以下步骤（图 2-7）：

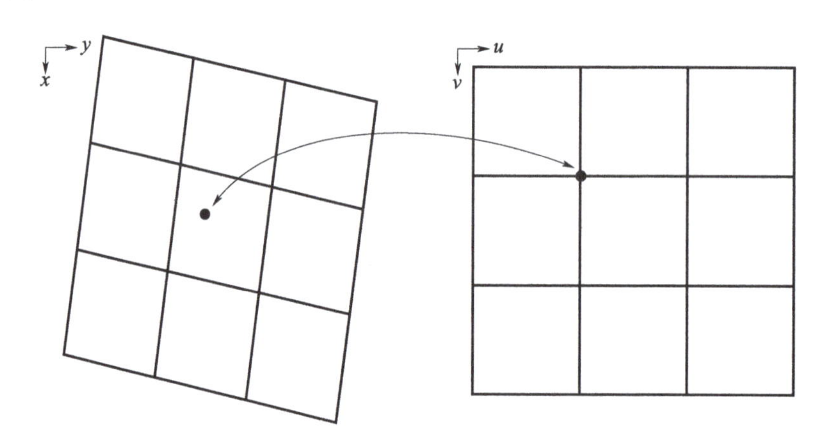


图 2-7 遥感图像多项式配准过程示例图

① 利用已知地面控制点求解多项式系数；

② 遥感图像的纠正变换（几何纠正）；

③ 数字图像亮度（或灰度）值的重采样；

④ 纠正结果评价。

多项式纠正通常采用 $n$ 次多项式，表达式如下：

$$\begin{cases} x = \sum_{i=0}^{n} \sum_{j=0}^{n-i} a_{ij} u_i v_i \\ y = \sum_{i=0}^{n} \sum_{j=0}^{n-i} b_{ij} u_i v_i \end{cases}$$

式中：$x$、$y$——代表变换前图像坐标；

$u$、$v$——变换后图像坐标；

$a_{ij}$、$b_{ij}$——多项式系数；

$n=1, 2, 3\cdots$

不同阶多项式所代表的变换关系是不同的，往往需要根据具体的应用场景来选取最佳空间变化模拟，以实现两幅图像之间的精确配准，通常情况下，$n$ 值越大，能够应对的畸变场景越复杂，但是计算量也会更大，实际生产中 $n$ 取值小于或等于 3，二次多项式和三次多项式是使用频率较高的两种方式。多项式纠正是配准纠正过程中最为常用的处理方式，其实现过程简单，更适用于平坦地形的配准纠正处理。

#### 2.4.2.2 图像灰度重采样

利用两幅图像的同名点构建空间映射关系，获得多项式参数，完成两幅图像的空间变换后，待校正图像获得目标空间的坐标值，接下来还需要通过灰度变换对待配准图像的每个像素进行重新赋值，即灰度重采样，如图 2-8 所示。

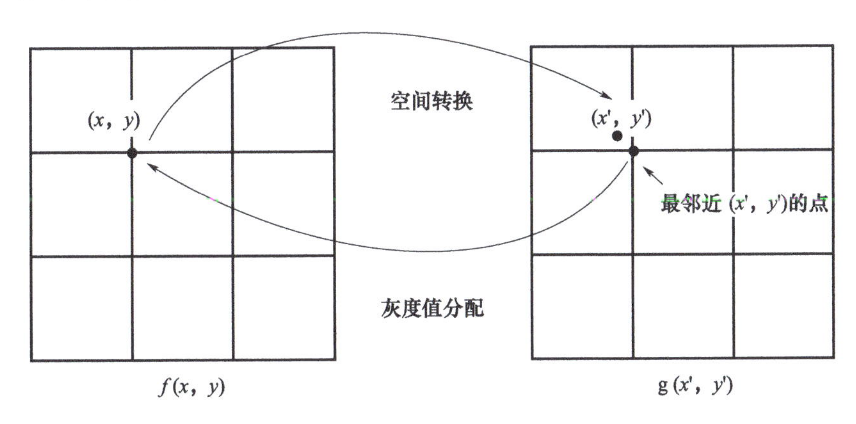


图 2-8　图像灰度重采样过程示例图

通常情况下，灰度重采样主要包括以下 3 种方法。

（1）最邻近采样法

最邻近重采样选取距离与被采样点最近的已知像素的灰度作为采样灰度。该方法最简单，辐射保真度较好，然而几何精度则低于其他两种采样方法，更多适用于灰度变化较小的情况，否则会产生明显误差，如图 2-9 所示。

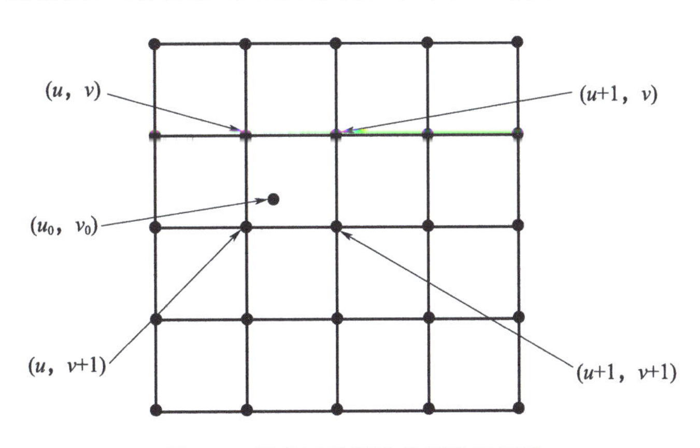


图 2-9　最邻近采样法重采样示例图

（2）双线性内插法

双线性内插法选用 4 个最近的相邻单元，通过加权平均分配获得采样灰度对待配准图像进行赋值。通常情况下，双线性内插根据 4 个最近单元中心的距离来定义权重值，更近的单元格具有更高的权重，如图 2-10 所示。

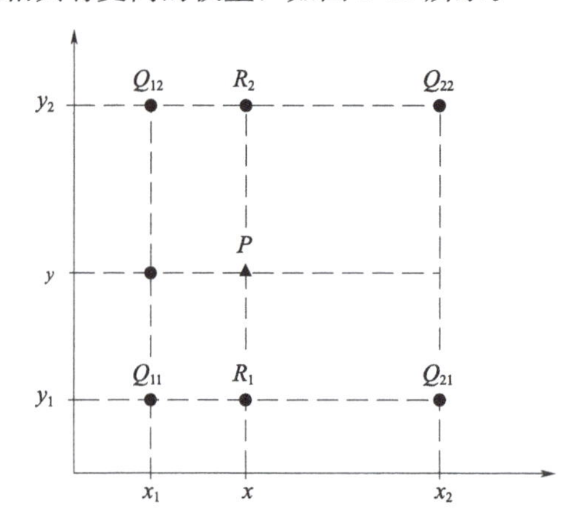


图 2-10　双线性内插法重采样示例图

与最邻近采样法对比，双线性内插法获得的图像，其图面效果更加平滑，块状现象或台阶现象明显减少，空间位置精度更高。由于双线性内插法会导致边缘被平滑，在一定程度上会影响边缘检测效果。

（3）双三次卷积法

双三次卷积法选用 16 个最近的相邻单元，通过三次卷积函数进行内插，获取待配准图像的像素灰度值，如图 2-11 所示。

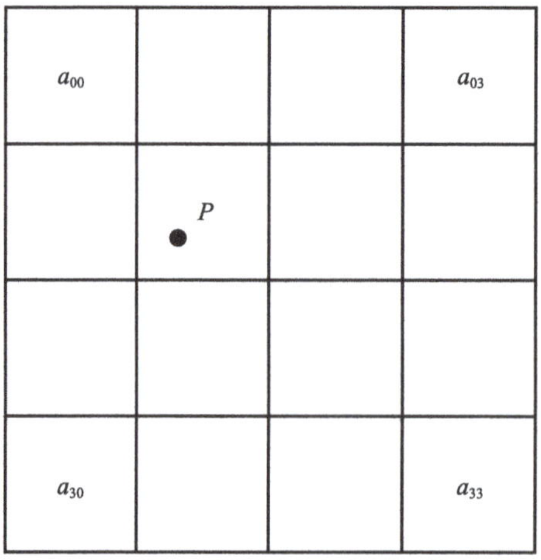

| $a_{00}$ | | | $a_{03}$ |
|---|---|---|---|
| | P | | |
| | | | |
| $a_{30}$ | | | $a_{33}$ |

图 2-11　双三次卷积法重采样示例图

与最邻近采样法、双线性内插法对比，双三次卷积法获得的图像能够保留更多数据信息，可有效增强边缘效果，图面更加清晰。由于 $n$ 值较大，双三次卷积法的计算量较大，且对原始图像的纹理产生了更加明显的影响，因此，应用过程中需要考虑的因素也更多。

## 2.5 图像融合

图像融合是指将多源采集渠道所采集的同一目标的图像数据进行整合，使得融合图像包含更多有效信息，同时能够更方便人机判读或计算机处理。

遥感数据作为遥感解译的基础数据，多源遥感数据能够针对同一目标提供更加完整、及时、精确的综合信息和完整描述，有效满足遥感解译处理对数据信息的丰富性、及时性、准确性等诸多方面的要求。图像融合技术能够综合利用多源多时相遥感图像的时空相关性与信息互补性，最大限度增强目标信息的透明度，获得高分辨率融合图像，显著提升图像信息利用率，改善计算机解译精度，更利于遥感解译与监测。

图像融合技术发展至今，已经形成像素级、特征级和决策级 3 个层次。其中，像素级融合是依据具体规则直接对图像灰度进行处理，通常情况下要求融合图像之间具有更高的配准精度。像元级融合方法能够最大限度地保留源图像的细节信息，不仅信息损失最小，还能够增加潜在目标的表达能力，更有利于目标的识别与判读，是发展最成熟、使用频率最高的融合方式。目前提出的绝大多数图像融合算法均属于该层次上的融合，处理流程包括以下几个环节：预处理、图像配准、像素级图像融合和融合图像应用，如图 2-12 所示。

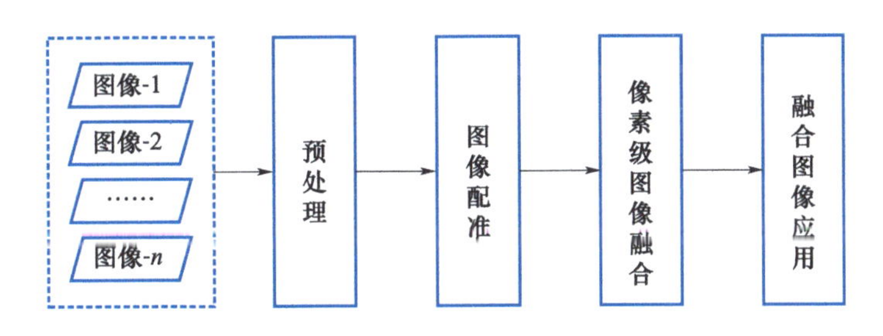


图 2-12　像素级融合处理流程示例图

常见的图像融合方法包括：IHS 变换法、Brovey 变换法、小波变换法、PCA 变换法等，能够快速应对不同场景下的应用要求。

### 2.5.1 IHS 变换法

RGB 色彩模型和 IHS 色彩模型是常用的两种颜色模型。其中，RGB 色彩模型包括红（$R$）、绿（$G$）、蓝（$B$）3 个通道，IHS 色彩模型包括亮度（$I$）、色调（$H$）、饱和度（$S$）3 个通道，两种色彩模型之间具有明确的转换关系。

IHS 正变换：

$$\begin{pmatrix} I \\ v_1 \\ v_2 \end{pmatrix} = \begin{pmatrix} 1/3 & 1/3 & 1/3 \\ -\sqrt{2}/6 & -\sqrt{2}/6 & 2\sqrt{2}/6 \\ 1/\sqrt{2} & -1/\sqrt{2} & 0 \end{pmatrix} \begin{pmatrix} R \\ G \\ B \end{pmatrix} = T \begin{pmatrix} R \\ G \\ B \end{pmatrix}$$

IHS 反变换：

$$\begin{pmatrix} R \\ G \\ B \end{pmatrix} = \begin{pmatrix} 1 & -1/\sqrt{2} & 1/\sqrt{2} \\ 1 & -1/\sqrt{2} & -1/\sqrt{2} \\ 1 & \sqrt{2} & 0 \end{pmatrix} \begin{pmatrix} I \\ v_1 \\ v_2 \end{pmatrix} = T^{-1} \begin{pmatrix} I \\ v_1 \\ v_2 \end{pmatrix}$$

式中：$v_1$、$v_2$——中间变量。

IHS 色彩模型的 3 个通道之间相互独立，在彩色表达方面更具优势，被广泛应用于遥感图像融合，其流程如图 2-13 所示，具体步骤如下。

① 将 RGB 色彩空间下的 3 个波段转换到 IHS 色彩空间，获得 3 个通道分量，分别为亮度（$I$）、色调（$H$）、饱和度（$S$）；

② 按照规则将步骤①获取的亮度（$I$）与其他波段进行融合，获得新的亮度分量 $I'$；

③ 将亮度分量 $I'$替换原有的亮度分量 $I$，同时再将 I'HS 反向变换到 RGB 空间，完成融合过程。

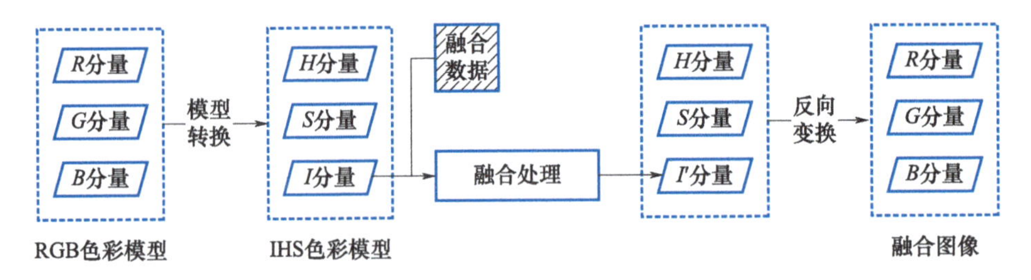


图 2-13　IHS 融合处理基本流程图

IHS 融合方法简单易操作，能够提高融合图像空间分辨率，增加图像特征的表达能力，同样也存在着畸变或曝光现象，导致图面失真，针对光谱分析等场景的适应能力较差。

## 2.5.2　Brovey 变换法

比值变换法（Brovey 变换法）是遥感影像处理过程中常用的计算方法，通常情况下，其计算方法为基于两张影像或者多张影像的影像组，统计对应位置的像元灰度值并求取比值。

基于 Brovey 变换的融合方法首先需针对多光谱影像进行颜色归一化处理，之后将高分辨率全色影像波段与其进行乘积性的波段计算，完成融合处理，其计算公式为：

$$\begin{cases} R = pan \times band3/（band1 + band2 + band3） \\ G = pan \times band2/（band1 + band2 + band3） \\ B = pan \times band1/（band1 + band2 + band3） \end{cases}$$

式中：*pan*——高分辨率全色影像；

*band*1、*band*2、*band*3——多光谱影像的 3 个波段。

### 2.5.3　小波变换法

基于小波变换的图像融合方法，优势最为突出，特别是在方向选择性、正交性、可变的时频域分辨率、可调整的局部支持以及分析数据量小等方面，更加贴合人类的视觉机制与计算机视觉的认知过程，因而更加适用于图像融合。其基本步骤包括：分别对每幅原始图像进行小波变换，获得每张图像的小波金字塔分解；按照从高到低的顺序，依次对每个分解层进行融合处理，每个分解层的不同频率分量可采用不同的融合规则进行融合处理，最终得到融合后的小波金字塔；对融合后的小波金字塔进行小波逆变换，所得重构图像即为融合图像（图 2-14）。

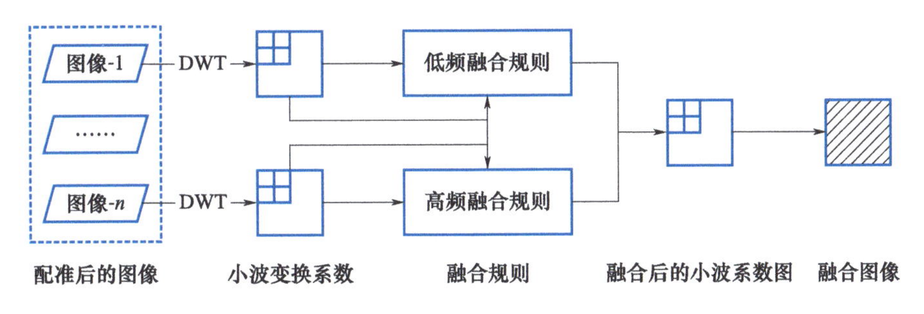


图 2-14　基于小波变换的图像融合方法处理流程图

值得注意的是，小波变换只能反映信号的点奇异性（零维），推广到二维或更高维时，则无法最优表示含线或者面奇异的高维函数。鉴于混合传感器数据场景的出现，如合成孔径雷达（synthetic aperture radar，SAR）与可见光图像进行融合时，必须基于多个尺度实现重要特征的传递，否则无法有效抑制噪声，难以全面保留多渠道数据源的重要信息。

### 2.5.4　PCA 变换法

PCA 变换法，也称作 K-L 变换，通过对图像进行多维正交线性变换，将图像数据的信息成分进行重新分配并按照信息量进行排序，各个分量之间相互独立，其中，第一主成分包含的信息量是最大的，有效保留了原始图像信息。

利用 PCA 变换法针对配准后的多波段低分辨率图像与高分辨率图像进行融合处理时，包括以下几个步骤，处理流程如图 2-15 所示。

① 针对低分辨率图像进行主成分变换，获取多光谱图像的主成分变换矩阵，并对特征矩阵的特征值进行排序，提取多光谱图像的第一分量图像；

② 针对高分辨率全色图像进行灰度拉伸，使其灰度的均值与方差与步骤①得到的第一分量图像保持一致；

③ 将步骤②拉伸后的高分辨率图像替代第一分量图像，并进行逆变换，投影至原始空间，获得融合成果。

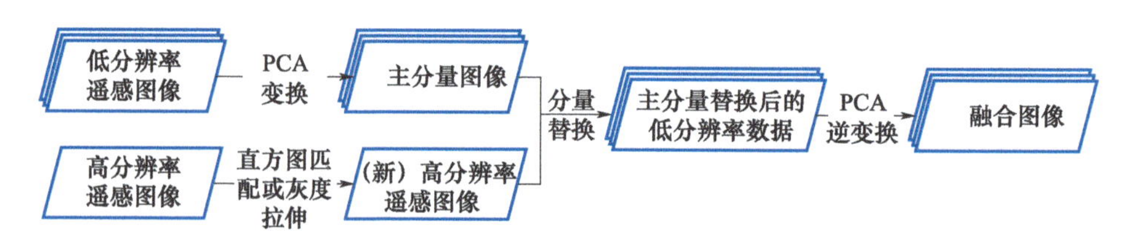


图 2-15 基于 PCA 变换的图像融合方法处理流程图

经过 PCA 变换得到的融合图像，能够保持良好的图像光谱特性，因此，更适用于多波段图像的融合处理。同样，由于处理过程中需要计算相关矩阵的特征值和特征向量，处理效率方面存在瓶颈，不具有实时优势。

## 2.6 图像增强

图像增强是改善图像视觉效果的重要方法之一，通过采用一定的处理手段对图像局部特征进行强化或者对非感兴趣特征进行抑制，扩大目标特征与其他图像特征之间的差异，以达到突出显示目标特征的效果。图像增强处理能够依据具体的应用场景和分析需要，有针对性地改善图像质量，使得图像信息更加丰富且易于人机判读和分析，可显著提高图像的使用价值和信息传递效果。

### 2.6.1 线性拉伸

图像数据获取过程中会受到多种观测因素的影响和干扰，导致图像数据的灰度分布局限于很窄的范围内，体现在图面视觉上则会出现曝光过度或者曝光不足等现象，图像整体对比度降低，很大程度上抑制着图像数据的细节表达。

线性拉伸是图像增强的常用方法，通过分段线性函数对指定灰度区间进行线性拉伸，调整图像灰度的动态显示范围，突出目标特征所在的灰度区间，相对地可以实现对非目标灰度区间的抑制，有效改善图像数据的显示效果。

经过统计，原始图像 $f(m, n)$ 的灰度范围为 $[i, j]$，线性变换图像 $h(m, n)$ 的灰度范围为 $[i', j']$，根据线性拉伸原则，原始图像与增强图像之间存在以下关系：

$$h(m, n)=i'+\frac{j'-i'}{j-i}[f(m, n)\ f(m, n)-i]$$

通过调整变换前后的灰度范围，即 $[i, j]$ 和 $[i', j']$，能够对变换直线的形态进行细节调整，以获得不同的拉伸效果。

当 $j-i<j'-i'$，灰度取值范围扩大，图像得到拉伸；

当 $j-i>j'-i'$，灰度取值范围缩减，图像受到压缩。

在实际处理过程中，通常会采用分段线性拉伸的方式进行图像增强，这种处理方式能够更有效地针对指定灰度区间进行拉伸和改善。如图 2-16 所示，分段直线的拐点位置用于定义目标区间，分段直线的斜率用于实现目标区间的拉伸或压缩。

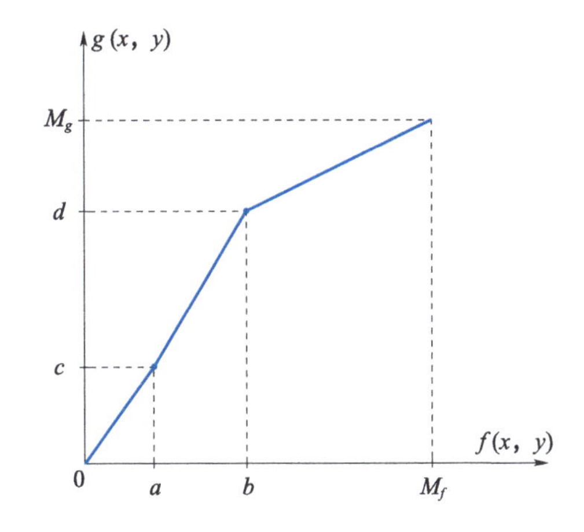


图 2-16　分段线性拉伸示例图

分段线性拉伸的变换公式如下：

$$f(x)=\begin{cases}\dfrac{y_1}{x_1} & x<x_1\\ \dfrac{y_2-y_1}{x_2-x_1}(x-x_1)+y_1 & x_1\leqslant x\leqslant x_2\\ \dfrac{255-y_2}{255-y_1}(x-x_2)+y_2 & x<x_2\end{cases}$$

## 2.6.2　对数增强

在图像的大部分像素灰度值出现整体偏高或偏低的情况下，导致影像出现整体偏亮或整体偏暗的现象，对于这种情况，线性拉伸的增强效果很难达到预期。

为了解决上述问题，可采用对数增强方法，对高亮区域进行有效抑制，对灰暗区域进行突出增强，以获得有效的图像色彩均衡效果，计算公式如下：

$$y=c\log(x+1)$$

式中：$y$——目标图像像素值；

$x$——原始图像像素值。

在实际处理过程中，会存在当原始图像像素值取值很大的时候，目标像素值 $y$ 依然很小，为了避免这种情况出现，可以适当增加一个常数 $c$，其中，$c=225/x_{\max}$。

根据公式可以看出，对于像素值较低的区域，对数曲线的曲率较大，反之则较小，经过变换后的图像，低灰度值区域可以得到明显的扩展，较暗区域的对比度会得到增强，以此更好地显示暗部细节特征。同时针对灰度值变化更加明显的区域进行合理压缩，可减少较亮区域的细节输出，如图 2-17 所示。

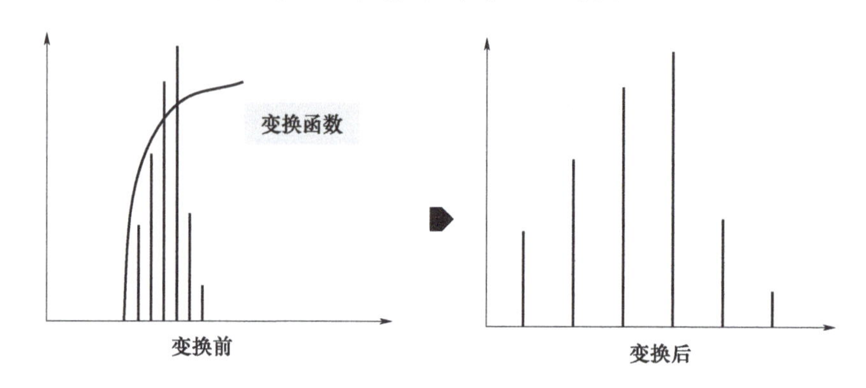


图 2-17　对数增强拉伸示例图

## 2.6.3　比值增强

比值增强用于多波段遥感图像或多时相图像的增强处理，通过实现每个像素在不同波段的灰度值进行除法运算，将计算结果重新赋值给像素，最终获得新的比值图。由于图像波段之间的条件和变化是相同的，在此基础上利用比值增强进行处理，能够显著增加不同地物波谱特征的差异，有效抑制背景显示，相对突出局部特征信息，从而达到增强目标特征的效果。

由于地形起伏而造成的图面阴影会掩盖地形构造，很大程度上减弱了地表地物的可辨别性，利用比值增强进行处理，能够明显提高不同地物之间的对比度和色彩合成影像的饱和度，加深异类地物特征之间的比值差异，更易于区分不同类型的地物特征，同时能够有效减少冗余信息，使得图像数据的显示效果和信息表达能够更好地应用于解译和判读。

以植被为例，比值类型主要包括两种。

（1）比值植被指数（$RVI$）

$$RVI=NIR/RED$$

式中：$NIR$——近红外波段光谱反射率；

$RED$——红光波段光谱反射率。

（2）归一化植被指数（$NDVI$）

$$NDVI=(NIR-RED)/(NIR+RED)$$

在比值增强处理过程中，采用了比值植被指数 $RVI$，增强后图像突出了植被的信息特征。

### 2.6.4 直方图均衡化

图像直方图通常指灰度直方图，是图像数据灰度分布的统计图，用于表示某种灰度级别所包括的图像像素总数，能够直观反映某种灰度值的出现频率和统计特征。灰度直方图采用二维图形方式来表示，其中，横坐标轴代表图像灰度级别，取值范围（0，255）；纵轴表示某个灰度级别在图像中出现的次数或频率，计算公式如下：

$$P(r)=n_r/(W\times H)\quad (r)\in[0,(L-1))$$

式中：$W$、$H$——分别代表图像宽高；

$n_r$——灰度值为 $r$ 的像素总数；

$P(r)$——灰度值 $r$ 出现的频率；

$L$——灰度级数。

根据灰度直方图的具体形态，能够快速获得图像像素的取值范围及其分布情况，针对图像数据的清晰度和平均亮度进行快速评价。比如，当灰度分布均匀时，图像数据的图面效果最为清晰；当灰度值高度集中于某个灰度级别或灰度范围，则会出现图面过亮或者图面过暗，甚至是亮度过于集中等现象，显示效果如图 2-18 所示。

灰度直方图不仅更易于计算机处理，当图像数据发生平移缩放或者旋转扭曲等变化时，灰度直方图能够保持良好的稳定性，目前已经广泛应用于图像处理的各个领域。

直方图均衡化利用灰度直方图对图像数据的整体对比度进行调整，尤其是当目标特征与其他特征的显示差异不明显时，直方图均衡化成为非常有效的处理手段。通常情况下，按照一定的规则对灰度直方图进行均衡化操作，能够将原本较窄的灰度范围合理拉伸至较大范围，使得转换后的灰度直方图在每个灰度级别上具有相同的像素数，以保证像素灰度值分布得更加均匀，显著提高图像的整体对比度和灰度表现层次，使得图面更加清晰，有效强化目标特征的显示效果，以达到图像增强的目的。

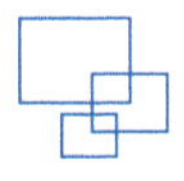



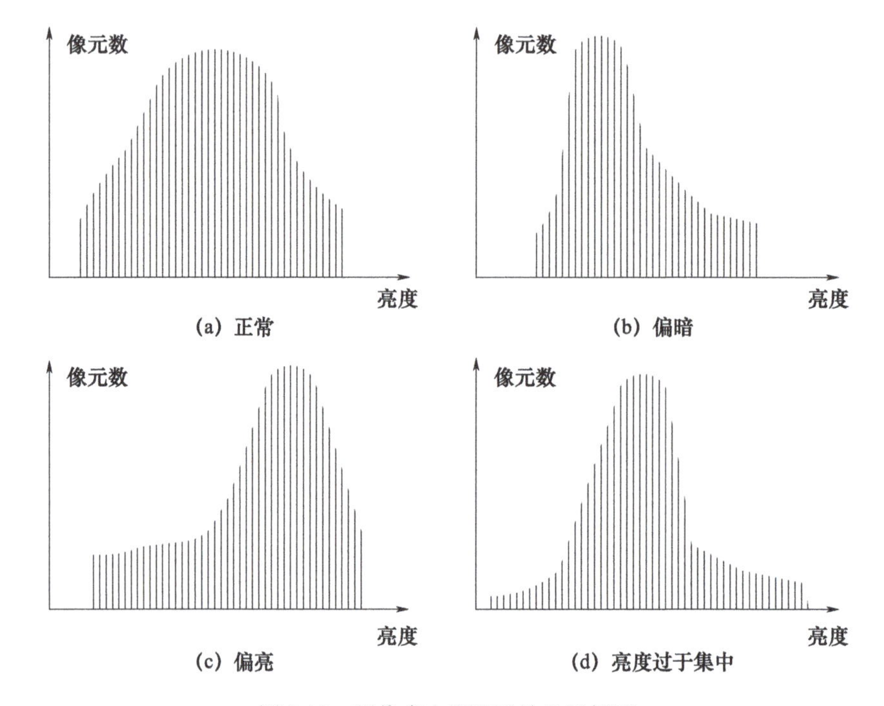


图 2-18　图像直方图显示效果示例图

## 2.7　系统实现

遥感影像处理系统围绕遥感影像控制基准网的生产与更新、数字正射产品生产等应用场景进行相关处理功能的设计与研发，形成遥感影像生产处理系统，提供遥感影像处理所需要的关键技术和能力支撑。按照常规业务场景进行规划，形成流程化方案，支撑遥感影像生产所需要的各项功能。主要包括：区域网平差处理模块、基准网平差处理模块、常规正射影像生产模块以及实时正射影像生产模块（图 2-19）。

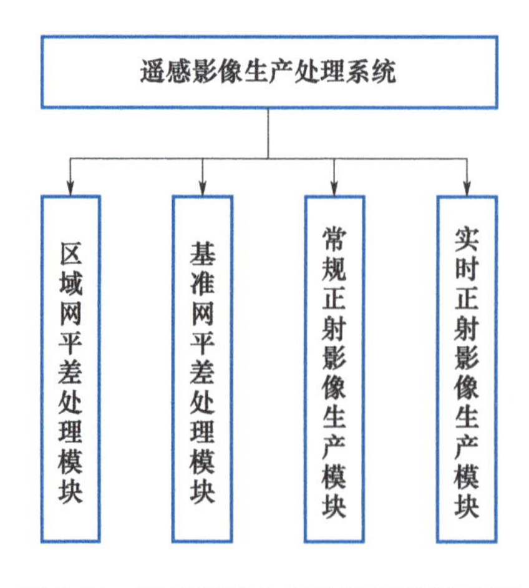


图 2-19　遥感影像生产处理系统结构图

## 2.7.1 区域网平差处理模块

区域网平差处理模块用于解决原始影像的几何定位问题，完成轨道内和轨道间的接边处理。通过自动化匹配技术和卫星影像平差技术，突破测区范围或数据规模的限制，以适应不同尺度、不同规模、不同应用场景下的基准网构建（图 2-20）。

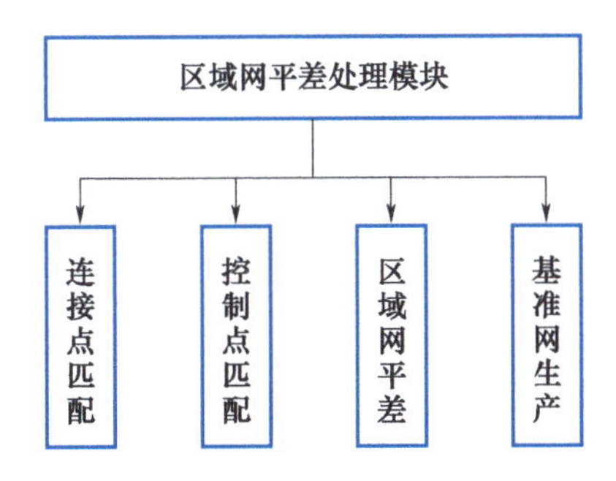


图 2-20 区域网平差处理模块

（1）连接点匹配

提供多种匹配方案以适应不同数据场景下的连接点匹配，自动在轨道内和轨道间匹配同名点位，生成精度高、分布均匀的连接点。

支持连接点匹配成果的导入、导出以及人工编辑，方便匹配成果的重复使用。

（2）控制点匹配

支持基于参考 DOM 数据、控制点影像库进行点位自动匹配与粗差剔除，提供单景和重叠区两种不同的布点方式，可通过设置匹配密度与匹配块数、剔点格网大小及保留点数等实现点位自动布设与优化，生成精度高、分布均匀的控制点。

（3）区域网平差

基准网可分为两个等级，即自由基准网和控制基准网，自由基准网指优先保障区域内影像间的相对位置精度，控制基准网指在自由基准网的基础上添加绝对空间控制。自动平差解算模块可提供大区域网平差、联合平差等技术，基于初始 RPC 以及连接点、控制点，进行区域网平差，对原始 RPC 数据进行改正。

（4）基准网生产

基于改正处理后的 1B 级影像及其定位参数文件，按照指定格式，输出基准网成果，详细记录基准网所覆盖的各项数据指标，包括基准影像、定位参数文件、覆盖范围等信息。

## 2.7.2 基准网平差处理模块

基准网平差处理模块支持遥感影像控制基准网的应用与更新，通过匹配基准点，构建新增影像与基准网的关联关系，对新增影像进行统一的平差处理，既可以实现基准网的快速更新并完成后续的数字正射影像生产，同时支持将满足精度要求的新时相影像加入现有基准网，同步实现基准网的更新，保持基准网的时效性（图 2-21）。

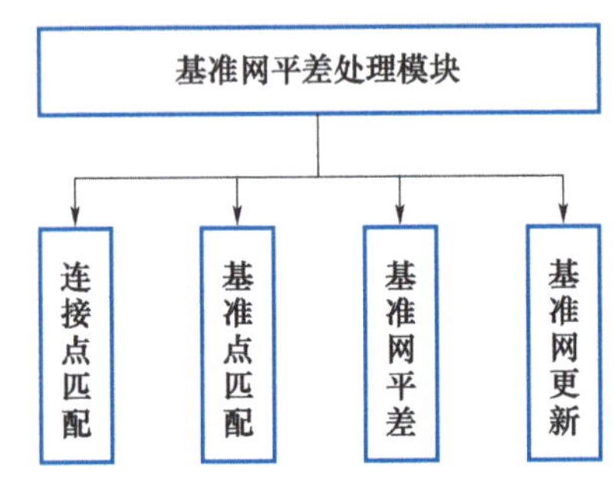


图 2-21　基准网平差处理模块

（1）连接点匹配

提供多种匹配方案，对于非离散分布的新时相数据，自动获取精度高、分布均匀的连接点，用于后续的基准网平差处理。

支持连接点匹配成果的导入、导出以及人工编辑，方便匹配成果的重复使用。

（2）基准点匹配

对于获取的新时相数据，以基准网作为控制基准，利用自动匹配技术获取高精度的基准点数据，构建新时相数据与基准网的关联关系。

（3）基准网平差

基于 RPC 数据、连接点和基准点成果，对新时相数据进行增量平差处理，获取精确的几何定位。

（4）基准网更新

经过前期的增量匹配和平差，将新时相的影像加入已有基准网，或替换对应位置影像，实现基准网的更新。

### 2.7.3　常规正射影像生产模块

常规正射影像生产模块支持影像数据的快速生产，在经过正射纠正、影像融合、匀光匀色、自动镶嵌、配准纠正和图像增强等过程后，获取常规正射影像图（图 2-22）。

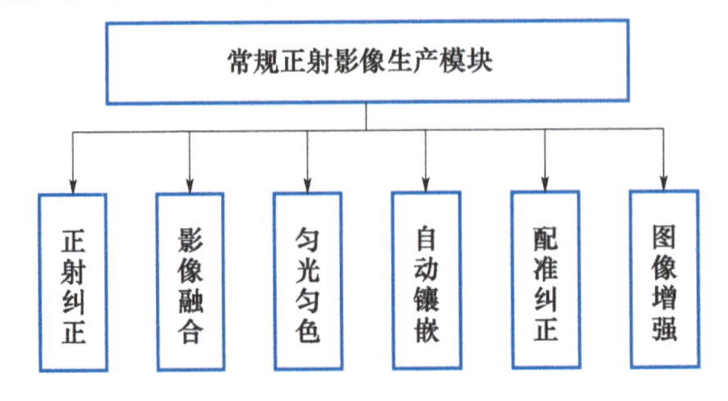


图 2-22　常规正射影像生产模块

（1）正射纠正

实现国内外多种数据源的批量并行处理，支持不用分辨率成果的同时输出，支持多 DEM，提供点纠正、面纠正等多种方式，满足高精度几何纠正的需要，可有效消除影像畸变。

（2）影像融合

基于融合配对模型，支持多种影像融合算法，包括 IHS 融合、PCA 融合等，以满足不同需求、效果，最大程度保留光谱信息和纹理信息。

（3）匀光匀色

针对影像色彩一致性的问题，软件提供了多种匀光匀色处理策略，支持基于模板、自适应、空间参照等多种匀光匀色方案，实现整体匀光匀色处理，从而满足不同数据源、不同测区特点、不同色彩特点的数据处理，使测区影像整体色彩效果达到最优。

（4）自动镶嵌

自动镶嵌模块可对多源卫星影像、多分辨率数据进行镶嵌拼接，具备镶嵌线自动寻址、栅格拓扑规划以及精细成图等多种功能，同时可对接边区域进行羽化，色彩过渡自然，真正实现影像无缝接边。

（5）配准纠正

提供亚像素级同名点匹配技术与多级粗差剔除策略，能够自动完成配准图像之间的同名点采集，支持多种纠正方法进行配准纠正处理，以获得高精度配准图像。

（6）图像增强

支持多种图像增强方法，包括线性拉伸、比值增强、直方图均衡化等，以满足不同的图像增强要求。

## 2.7.4 实时正射影像生产模块

实时正射影像生产模块提供流程化生产方案，结合实时处理技术，支持卫星影像数字正射影像生产的自动化处理，同时提供实时预览功能，支持影像处理效果的预览与调整（图 2-23）。

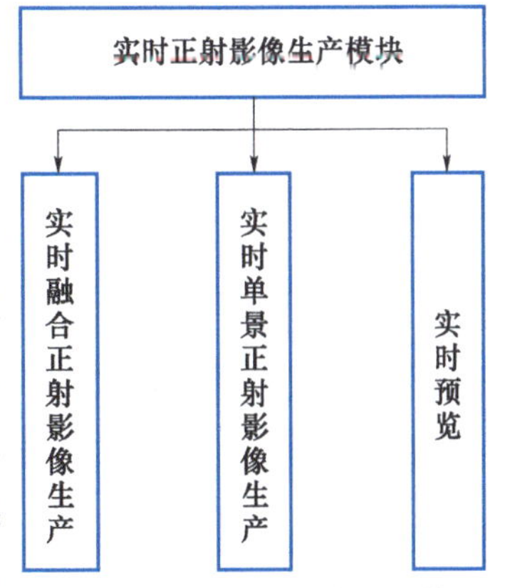

图 2-23　实时正射影像生产模块

（1）实时融合正射影像生产

对卫星影像数据生产提供实时融合正射影像生产功能，支持卫星影像的区域网平差、全色多光谱配准、正射纠正、影像融合、波段计算、16 位转 8 位、匀光匀色、有效范围提取、镶嵌线寻址、矢量拓扑生成、快速镶嵌，可根据需要设置全部或部分业务的执行，实现 DOM 生产环节少量中间成果输出，其中，区域网平差环节以基准网为控制参考资料。

（2）实时单景正射影像生产

对卫星影像数据生产提供实时单景正射影像生产功能，支持卫星影像的区域网平差、正射纠正、波段计算、16 位转 8 位、匀光匀色、有效范围提取、镶嵌线寻址—矢量拓扑生成—快速镶嵌，可根据需要设置全部或部分业务的执行，实现 DOM 生产环节少量中间成果输出，其中，区域网平差环节以基准网为控制参考资料。

（3）实时预览

启动自动处理之前，利用实时预览能力，调整各个处理环节的业务参数，同步对待处理影像数据进行影像浏览、16 位转 8 位的效果预览、匀色效果预览和实时处理效果预览，以便对处理的影像以及处理效果有所把握，有效控制自动处理过程，减少不必要的重复作业。

## 2.8 小　结

高分辨率遥感数据处理需求逐年提升，传统数据作业模式在处理精度、处理效果和处理效率等方面存在瓶颈，难以满足遥感数据处理新要求。全新的遥感影像生产处理模式提供基准网生产与更新技术与遥感影像实时处理技术，可有效解决多期多源遥感影像全自动几何定位处理的一致性问题，打破传统基于影像数据文件的工序流转模式，实现零 I/O 模式下的遥感影像流式处理，能自动完成高精度几何定位、正射影像制作等各个关键环节的高效实时处理。

# 第 3 章
# 智能解译技术

遥感影像解译是遥感影像应用的核心与关键环节，传感器获取的数据必须经过处理和解译才能成为有用的信息，高效准确的解译技术有助于提高遥感应用水平。所谓遥感影像解译就是对遥感图像上的各种特征进行综合分析、比较、推理和判断，最后提取出各种地物目标信息的过程。遥感影像解译方法主要有目视解译、人机交互式解译、计算机半自动解译等几种，现在正向着全智能解译方向发展。

## 3.1 面向对象

面向对象的遥感分类是一种基于目标的分类方法，首先通过分割技术得到多边形对象，其次计算对象的光谱、纹理、形状等特征，最后运用分类算法实现面向对象分类。其优势如下：

① 以分割图斑为统计单位，可以充分利用对象本身的信息（如形状、纹理、层次等）和对象间的信息（与邻近对象、子对象、父对象的相互关系）等特征，丰富的特征描述是降低误判的一个因素。

② 特征提取时只统计边界内的像素，有效地排除了图斑外像素对分类的干扰，降低了因干扰而产生的误判率。

### 3.1.1 图像分割

#### 3.1.1.1 基于阈值的分割

基于阈值的分割是基于图像的灰度特征来计算一个或多个灰度阈值，并将图像中每个像素的灰度值与阈值相比较，最后将像素根据比较结果分到合适的类别中。因此，该类方法最为关键的一步就是按照某个准则函数来求解最佳灰度阈值。按照获取阈值方法的不同又分为以下几类：

① 固定阈值分割：该方法最为简单，是以某个固定像素值为分割阈值进行分割。

② 直方图双峰法：假设图像中有明显的目标和背景，则其灰度直方图呈双峰分布当灰度直方图具有双峰特性时，选取两峰之间的谷对应的灰度值作为阈值。如果背景的灰度值在整个图像中可以合理地看作为恒定，而且所有物体与背景都具有几乎相同的对比度。那么，其关键是选择一个正确的、固定的全局阈值，选取阈值的方法为找到第一个峰值和第二个峰值，再找到第一峰值和第二个峰值之间的谷值，谷值就是阈值。

③ 自适应阈值图像分割：考虑到物体和背景的对比度在图像中不是处处一样的，普通阈值分割难以起作用，这时候可以根据图像的局部特征分别采用不同的阈值进行分割。只要我们将图像分为几个区域，分别选择阈值，或动态地根据一定邻域范围选择每点处的阈值，从而进行图像分割。这类方法的典型代表是最大类间方差法［也称大津法，由日本学者大津（Nobuyuki Otsu）于 1979 年提出］。

④ 最佳阈值法：阈值选择需要根据具体问题来确定，一般通过实验分析确定，例如可以分析其直方图等。

#### 3.1.1.2 基于边缘的分割

图像中两个不同区域的边界线上连续的像素点的集合，是图像局部特征不连续性的反映，体现了灰度、颜色、纹理等图像特性的突变。通常情况下，基于边缘的分割方法指的是基于灰度值的边缘检测，它是建立在边缘灰度值会呈现出阶跃型或屋顶型变化这一观测基础上的方法。阶跃型边缘两边像素点的灰度值存在着明显的差异，而屋顶型边缘则位于灰度值上升或下降的转折处。正是基于这一特性，可以使用微分算子进行边缘检测，即使用一阶导数的极值与二阶导数的过零点来确定边缘，具体实现时可以使用图像与模板进行卷积来完成。边缘角点和兴趣点的检测器有：Canny 边缘检测器、Harris 角点检测器、SIFT 检测器、SURF 检测器等。

#### 3.1.1.3 基于区域的分割

基于区域的分割是按照图像的相似性准则划分为不同区域块。主要有种子区域生长法、区域分裂合并法、分水岭法等。

（1）种子区域生长法

种子区域生长法是根据同一物体区域的像素相似性来聚集像素点达到区域生长的方法。其是由一组表示不同区域的种子像素开始，逐步合并种子周围相似的像素从而扩大区域，直到无法合并像素点或小领域为止。其中区域内相似性的度量可用平均灰度值、纹理、颜色等信息，其关键在于选择初始种子像素及生长准则。最早的种子区域生长图像分割方法是由 Levine 等人提出。

（2）区域分裂合并法

区域分裂合并法首先确定分裂合并的准则，然后将图像任意分成若干互不相交的区域，按准则对这些区域进行分裂合并。它可用于灰度图像分割及纹理图像分割。

(3) 分水岭法

分水岭法是一种基于拓扑理论的数学形态学的分割方法，其基本思想是把图像看作是测地学上的拓扑地貌，图像中每一点像素的灰度值表示该点的海拔高度，每一个局部极小值及其影响区域称为集水盆，而集水盆的边界则形成分水岭。该算法的实现可以模拟成洪水淹没的过程，图像的最低点首先被淹没，然后水逐渐淹没整个山谷。当水位到达一定高度的时候将会溢出，这时在水溢出的地方修建堤坝，重复这个过程直到整个图像上的点全部被淹没，这时所建立的一系列堤坝就成为分开各个盆地的分水岭。分水岭法对微弱的边缘有着良好的响应，但图像中的噪声会使分水岭法产生过分割的现象。

#### 3.1.1.4 基于图论的分割

此类方法把图像分割问题与图的最小割（min cut）问题相关联。首先将图像映射为带权无向图 $G=<V, E>$，图中每个节点 $N \in V$ 对应于图像中的每个像素，每条边 $\in E$ 连接着一对相邻的像素，边的权值表示了相邻像素之间在灰度、颜色或纹理方面的非负相似度。而对图像的一个分割 $S$ 就是对图的一个剪切，被分割的每个区域 $C \in S$ 对应着图中的一个子图。而分割的最优原则就是使划分后的子图在内部保持相似度最大，而子图之间的相似度保持最小。基于图论的分割方法的本质就是移除特定的边，将图划分为若干子图从而实现分割。目前基于图论的分割方法主要有 Graph Cut、Grab Cut 和 Random Walk 等。

#### 3.1.1.5 基于能量泛函的分割

该类方法主要是指活动轮廓模型（active contour model）以及在其基础上发展出来的算法，其基本思想是使用连续曲线来表达目标边缘，并定义一个能量泛函使得其自变量包括边缘曲线，因此分割过程就转变为求解能量泛函最小值的过程，一般可通过求解函数对应的欧拉方程来实现，能量达到最小时的曲线位置就是目标的轮廓所在。

活动轮廓模型逐渐形成了不同的分类方式，较常见的是根据曲线演化方式的不同，将活动轮廓模型分为基于边界、基于区域和混合型活动轮廓模型。按照模型中曲线表达形式的不同，活动轮廓模型可以分为两大类：参数活动轮廓模型（parametric active contour model）和几何活动轮廓模型（geometric active contour model）。

### 3.1.2 特征提取

特征提取首先通过多尺度分割获取同质图斑对象，并分析构建提取地物的多维特征，再以图斑对象为分析单元，利用 C5.0 决策树模型，对提取地物在多维度特征上的规律进行挖掘，构建多特征组合的提取规则集，然后进行提取。

（1）同质图斑获取

采用分割方法对遥感影像进行分割，例如分形网络演化方法[9]（fractal net evolution approach，FNEA）。该方法是基于影像对象间异质性进行分割合并，异质性由包含对象的光谱和形状差异决定，通过紧致度、形状参数等的设置避免对象边界破碎。FNEA 尺度参数设置为 200，紧致度设置为 0.5，形状参数设置为 0.1。将分割后的同质图斑对象作为信息提取的分析单元。

（2）特征提取

对分割图斑计算特征，包括：

① 光谱特征：从分割图斑的光谱特征进行描述，有图斑的光谱值、标准差、最大值、最小值、亮度值；

② 几何特征：几何特征有 5 个，主要从分割图斑的形态进行描述，有图斑的面积、周长、紧致度（=面积/周长）、长宽比（=长度/宽度）、狭长度（=面积/外包面积）；

③ 纹理特征：主要是灰度共生矩阵特征，灰度共生矩阵是一种通过研究灰度的空间相关特性来描述纹理的常用方法。

（3）特征选择

为避免分类过程中盲目使用多种特征所导致的计算量急剧增大、分类精度降低、分类特征冗余等问题，需对分析的特征进行选择。利用 Pearson 相关系数对所选特征进行相关性分析，将强相关的特征进行筛除，保留独立性较强的特征，用于后续解译。

Pearson 相关系数计算公式如下：

$$r=\frac{N\sum x_i y_i-\sum x_i\sum y_i}{\sqrt{N\sum x_i^2-(\sum x_i)^2}\sqrt{N\sum y_i^2-(\sum y_i)^2}}$$

式中：$r$——相关系数；

$N$——特征数组的对象数量；

$x_i$、$y_i$——分别表示两个特征数据。

相关系数的绝对值越大，相关性越强。相关系数越接近于 1 或 −1，相关度越强；相关系数越接近于 0，相关度越弱。对两个特征之间相关系数大于 0.9 的特征，保留其中一个特征即可。

## 3.1.3 分类方法

### 3.1.3.1 C5.0 决策树算法

决策树算法是面向对象分类中常用的高效率算法，常见的决策树算法有 CHAID、CART、Quest 和 C5.0。以适用于大数据分析的 C5.0 决策树算法为例，

C5.0 算法以信息增益率为标准确定最佳分组变量和最佳分割点，其核心概念是信息熵。

假设训练集合 $D$，$|D|$ 为样本容量，即样本的个数。设有 $K$ 个类，用 $C_k$ 来表示，$|C_k|$ 之和为 $|D|$，$k=1$，2，…。根据特征 $A$ 将 $D$ 划分为 $n$ 个子集 $D_1$，$D_2$，…，$D_n$，$|D_i|$ 为 $D_i$ 的样本个数，$|D_i|$ 之和为 $|D|$，$i=1$，2，…。记 $D_i$ 属于 $C_k$ 的样本集合为 $D_{ik}$，即 $D_i$ 与 $C_k$ 的交集，为 $D_{ik}$ 的样本个数，其算法如下：

$D$ 的信息熵 $H(D)$ 计算公式为：

$$H(D) = -\sum_{k=1}^{K} \frac{|C_k|}{|D|} \log_2 \frac{|C_k|}{|D|}$$

选定 $A$ 的信息熵 $H(D|A)$ 计算公式为：

$$H(D|A) = \sum_{i=1}^{n} \frac{|D_i|}{|D|} H(D_i) = -\sum_{i=1}^{n} \frac{|D_i|}{|D|} \sum_{k=1}^{K} \frac{|D_{ik}|}{|D_i|} \log_2 \frac{|D_{ik}|}{|D_i|}$$

信息增益的计算公式为：

$$g(D, A) = H(D) - H(D|A)$$

信息增益代表利用特征 $A$ 对数据集 $D$ 分类后混乱程度的降低量。信息增益越大，分类性越强。

#### 3.1.3.2 *K* 邻近法

$K$ 邻近分类方法依据待分类数据与训练区元素在 $N$ 维空间的欧几里得距离来对影像进行分类，$N$ 由分类时目标物属性数目来确定。相对传统的最邻近方法，$K$ 近邻法产生更小的敏感异常和噪声数据集，从而得到更准确的分类结果，它自己会确定像素最可能属于哪一类。

在 $K$ 参数里键入一个整数，默认值是 1，$K$ 参数是分类时要考虑的临近元素的数目，是一个经验值，不同的值生成的分类结果差别也会很大。$K$ 参数设置为多少依赖于数据组以及被选择的样本。值大一点能够降低分类噪声，但是可能会产生不正确的分类结果，一般值设在 3～7 之间比较好。

#### 3.1.3.3 支持向量机法

支持向量机法（support vector machine，SVM）是一种来源于统计学习理论的分类方法。支持向量机法构造了一个超平面，在高或无限维空间，其可以用于分类、回归等任务。该方法将原始有限维空间映射到一个高得多的立体空间，特征分离在高维空间比较容易实现。支持向量机可分类为：线性可分的支持向量机、线性支持向量机、非线性支持向量机。如果训练数据线性可分，则通过硬间隔最大化学习得到一个线性分类器，即线性可分支持向量机，也称为硬间隔支持向量机；如果训练数据近似线性可分，则通过软间隔最大化学习得到一个线性分类器，即线性支持向量机，也称为软间隔支持向量机；对于数据非线性可分的情况，通过扩展线性支持向量机的方法，得到非线性支持向量机，即采用非线性映射把输入数据变换到较高维空间，在新的空间搜索分离超平面。

## 3.2 交互式半自动提取

交互式半自动提取，利用交互所提供的限制条件和目标先验知识（亮度、颜色、位置、大小等），来引导分割过程，从而获得精确提取结果。交互式半自动解译方法在添加少量手动标记的基础上，为计算机解译提供人工判读经验，既可提高影像智能判读的准确度，又可最大限度减少作业员的工作量，提高生产效率，具有广泛的应用价值。按照所使用的数学模型和影像特征，可将交互式提取方法分成两类：基于边界的方法和基于区域的方法。

### 3.2.1 基于边界的半自动提取方法

基于边界的方法是以图像中的目标边界为基础，指定边界大概位置或少量关键点，然后考虑边界强度和连续性等特征，跟踪出平滑可靠的边界。Snake 算法和智能剪刀算法是基于边界的方法中的两种基本算法。Snake 算法只需在目标附近指定一个大概轮廓，然后通过最小化定义在该轮廓上的能量函数，使轮廓动态地演化至目标实际边界。该算法简单易用，但是在背景较复杂时效果不是很理想，容易陷入局部最小值，并且该算法没有纠正分割结果的机制。根据 Snake 算法的思想和存在的问题，很多学者也提出了各种改进算法，如 GAV-Snake、Balloon-Snake 等。智能剪刀算法是通过光标指定出目标边界关键点位置，再利用动态规划算法实时跟踪出关键点之间的目标边界，它是一个分段优化的过程，只需指定关键点，不需要逐像素跟踪，很大程度上减少了工作量，并且算法的实时性可保证随时调整关键点位置。基于边界的方法在实际中应用很广，但这类算法的缺点也很明显：需要沿着目标边界移动一圈才能完成分割，当目标边界较复杂时工作量就比较大了。对噪声比较敏感，很可能把强噪声误认为图像边缘；边界容易发生泄漏，即越过强度较弱的正确边界；对初始值要求较为苛刻，要求关键点准确或者初始轮廓完全在目标内部或者外部。

### 3.2.2 基于区域的半自动提取方法

鉴于基于边界的半自动提取方法的缺点，科研人员提出了很多基于区域的方法，这类方法不用指定边界的位置，仅需在目标（前景）或（和）背景区域粗略地指定一些种子点（线），然后算法是根据这些种子点（线），通过一定的策略，为图像其他未分类区域计算出类别从而得到分割结果。事实上，在基于区域的方法中往往也用到了边界特征。根据所用数学模型的不同，基于区域的分割算法又可细分为如下几类：基于种子区域增长的方法、基于元胞自动机的方法、基于图匹配的方法、基于贝叶斯理论的方法、基于随机游走的方法、基于水平集的方法、基于马尔科夫随机场/条件随机场的方法等。

基于种子区域增长的方法：种子区域增长方法算是基于区域的方法中最简单的一种，即指定一定数量的种子点，从种子点（区域）往外生长，未分类对象与哪一个种子区域之间的特征距离最近就分为哪一类。基于最大相似度的区域合并算法（maximal similarity-based region merging，MSRM）首先利用 MeanShift 算法进行过分割，然后用户交互指定目标、背景的位置和主要特征，其增长从背景开始，自动合并相似的图斑，同时不断更新区域的特征直方图，直到所有图斑都被标记，前景也就提取出来了。这种算法可提取相对尖锐的轮廓，并且要求输入必须包含对象的主要特征，对过分割的效果也有依赖性。

基于元胞自动机的方法：Growcut 交互分割算法，与普通区域增长算法不同的是它利用元胞自动机来实现区域的增长。该算法只需要少量标记样本即可迭代完成分割，用户可观察分割演化过程并在错分的地方添加新的输入来引导算法。这种方法可同时分割多个目标，并且各个目标的增长过程是相互独立的，因而可用并行来加速，但该算法对影像内容和用户交互有很强的依赖性。

基于图匹配的方法：有学者将交互分割看作是一个图匹配的过程，该类方法一般是基于过分割，比如分水岭算法区域合并的过程就是寻找两张图匹配的过程：输入图，由过分割结果得到；模型图，由用户交互指定。Noma[10] 等提出来一种可变图方法并定义了一个代价函数，将问题转化为最小化该代价函数，最后通过离散搜索来获取最优解。此方法很容易处理二值、多标记甚至是多张相似影像的交互式分割问题。

基于贝叶斯理论的方法：贝叶斯理论在目标提取中应用很广泛。Chuang 等[11] 利用用户提供的前景、背景、未定区域估算前背景的高斯分布，然后利用最大似然法同时计算出最优透明度、前景和背景。Gao 等[12] 将贝叶斯分类器集成到随机游走优化框架下实现了手机影像的交互式分割，提高了分割精度并减轻了用户的负担。Zhang 等[13] 将贝叶斯网络应用到由过分割所得的边界图上来提取目标轮廓。该算法利用多层贝叶斯网络在过分割的基础上给影像图斑、边界及它们之间的关系建模，并集成局部约束条件，既可实现自动分割，也用于交互式分割，并且提出了一种基于主动学习的交互方式，框架很容易加入用户输入，同时可反过来指导用户输入。

基于随机游走的方法：随机游走是一种特殊的马尔科夫链，在交互式/自动分割、聚类、去噪、形状表达、匹配等方面有广泛的应用。基于随机游走的图像分割算法能够自然地处理多标签分类问题。用户对不同类别的像素分别进行标记后，通过算法计算每个像素到达各个种子点的概率来判断像素的类别。该类算法并不进行全局颜色建模，只是依赖局部像素值来判断随机游走的概率，对复杂纹理图像的分割不是很鲁棒，并且速度较慢。Grady 等[14]通过计算一张图对应的拉普拉斯加权矩阵的特征向量可以在线性时间内实现分割的估算。Kim 等[15]利用可重启随机游走建立了产生式分割模型，解决了弱边界和纹理问题。

基于水平集的方法：水平集方法是一种曲线演化算法。它将闭合曲线映射到一个更高一维的函数中，并利用该函数的水平集来描述曲线演化的过程。几何活动轮廓模型是一种水平集方法，与参数活动轮廓模型相对，该方法的优点在于更新水平集函数的过程中可随意改变曲线的拓扑结构。水平集活动轮廓模型中的另一种经典方法是测地活动轮廓模型，即定义了一个关于轮廓的能量泛函，然后通过极小化这个能量泛函来间接处理轮廓的演化。这两种活动轮廓模型均是利用目标边界信息来实现图像分割的，即两者属于基于边界的分割算法，因而无法避免上述提到的基于边界的方法可能遇到的问题。Mumford-Shah 模型[16]定义了一个分段光滑的函数来近似原始图像，既可对图像进行去噪，也可进行分割。基于区域的活动轮廓模型有效克服了基于边界的活动轮廓模型的缺点。水平集方法是一种成功的轮廓跟踪算法，但也有许多缺点，比如计算速度较慢、距离函数需重新初始化、不适合处理纹理图像、曲面演化计算可能不稳定等。

基于马尔科夫随机场/条件随机场的方法：马尔科夫随机场（MRF）利用像素或者对象之间的局部相关性建立统一模型，具有较完善的理论体系，在图像处理领域受到广泛关注。在交互式分割中，研究者将像素或者超像素看作是图的节点，建立一个与原影像对应的二维随机场，利用用户前背景标记估算 MRF 参数，然后利用迭代条件模型等算法进行模型推断求得模型最优解或近似最优解。条件随机场（CRF）是 MRF 发展而来的概率论模型，它直接定义了后验概率，本质上是给定了观测条件下的 MRF，其使用比 MRF 更灵活效果也更好。

## 3.3 深度学习

深度学习是一类具有强大特征学习能力的数据驱动式方法，它是一种完全的“端到端”式的算法模型，即网络输入端为图像，网络输出端为图像类别或目标信息，为处理遥感影像解译问题，深度学习提供了一个有效的算法框架。它从计算机视觉的角度提取遥感图像信息，能够极大地提高含有大量未知信息的遥感图像分类的精度，具有特征学习和深层结构两个特点。特征学习能够根据不同的应用自动从海量数据中学习到所需的高级特征表示，更能表达数据的内在信息；深层结构通常拥有多层的隐层节点，包含更多的非线性变换，使得其拟合复杂模型的能力大大增强。

## 3.3.1 深度学习技术

### 3.3.1.1 深度神经网络

神经网络技术起源于 20 世纪五六十年代，当时叫感知机（perceptron），拥有输入层、输出层和一个隐含层。输入的特征向量通过隐含层变换达到输出层，在输出层得到分类结果。但是，Rosenblatt 的单层感知机有一个严重得不能再严重的问题，即它对稍复杂一些的函数就无能为力（比如最为典型的“异或”操作）。随着数学的发展，这个缺点直到 20 世纪 80 年代才被 Rumelhart、Williams、Hinton、LeCun等人发明的多层感知机（multilayer perceptron）克服。多层感知机，顾名思义，就是有多个隐含层的感知机。

多层感知机可以摆脱早期离散传输函数的束缚，使用 sigmoid 或 tanh 等连续函数模拟神经元对激励的响应，在训练算法上则使用 Werbos 发明的反向传播 BP 算法，这就是我们现在所说的神经网络（neural network，NN）。随着神经网络层数的加深，优化函数越来越容易陷入局部最优解，并且这个“陷阱”越来越偏离真正的全局最优解。2006 年，Hinton 利用预训练方法缓解了局部最优解问题，将隐含层推动到了 7 层[17]，神经网络真正意义上有了“深度”，由此揭开了深度学习的热潮。

各类深度神经网络被证明在遥感解译各项任务中取得了良好的应用效果。用于遥感解译的常见深度神经网络技术包括：

① 卷积神经网络：卷积神经网络是一类包含卷积计算且具有深度结构的前馈神经网络，在结构上至少包括卷积层和池化层。卷积神经网络是最近几年不断发展的深度学习网络，被学术界高度重视并广泛应用于企业，其有代表性的卷积神经网络包括 LeNet-5、VGG、AlexNet 等，主要应用于遥感影像分类、物体检测和识别等（图 3-1）。

② 循环神经网络：不同于卷积神经网络，循环神经网络更擅长于对时序数据的处理。时序数据的分析处理，更看重时序上的输入与上下文的联系。循环神经网络的内部记忆结构，刚好满足这样的需求场景，因此在时序数据处理方面循环神经网络更胜一筹。此网络概念从提出到现在已经有二三十年历史，在理论与实践方面有不少积累。特别是 1997 年 LSTM 神经元的引入，解决了此网络模型的疑难问题，使得此网络在市场应用中广泛落地（图 3-2～图 3-5）。

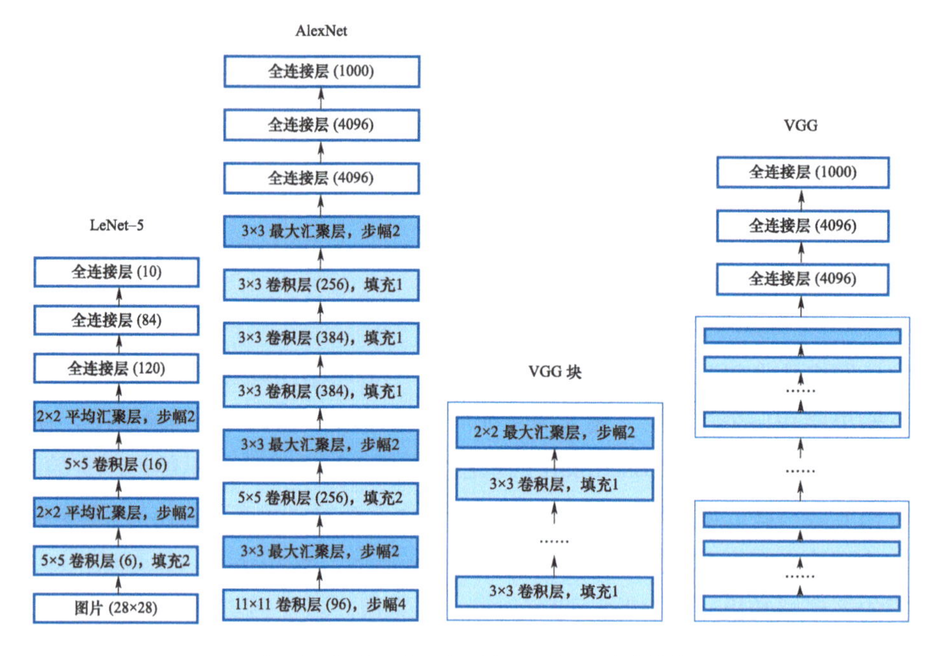


图 3-1　LeNet-5、AlexNet、VGG 网络结构

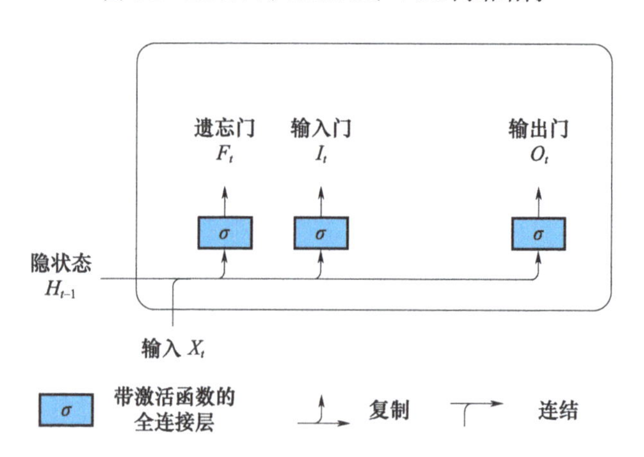


图 3-2　长短期记忆模型中的输入门、遗忘门和输出门

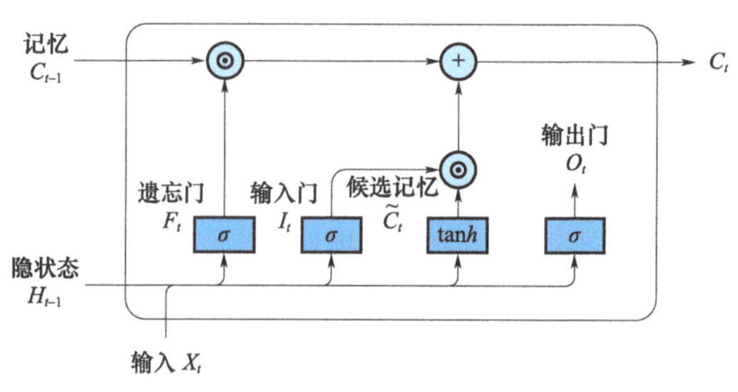


图 3-3　长短期记忆模型中的候选记忆元

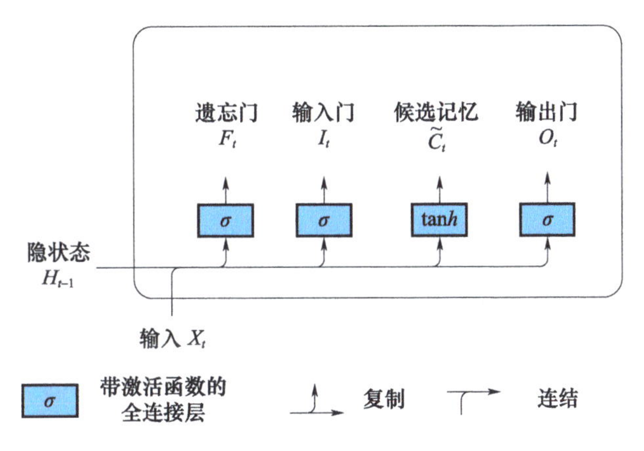


图 3-4　长短期记忆网络模型中的计算记忆元

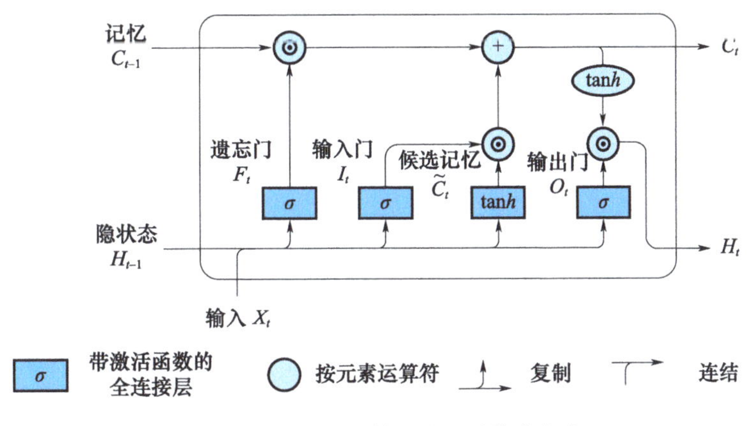


图 3-5　长短期记忆模型中的计算隐状态

③ 深度信念网络：深度信念网络是于 2006 年由 Geoffreg Hinton 提出的神经网络结构，它是一种生成模型，由多个受限玻尔兹曼机组成，采用逐层的方式进行训练，其结构可以理解为由多层简单学习模型组合而成的复合模型。深度信念网络是一个可以对训练的数据样本进行深层次表达的图形模型。深度信念网络可以作为其他深度神经网络的预训练部分，主要做深度神经网络的权值初始化工作。深度信念网络还可以衍生为其他类型的神经网络，例如卷积深度信念网络。卷积深度信念网络是目前深度学习中较新的发展分支，在结构上具有卷积神经网络的优势，在训练上也具备深度信念网络的预训练优势。

④ 生成对抗网络：生成对抗网络将对抗的思想引入机器学习领域，对抗的双方为判别模型和生成模型。其中，判别模型的职责是准确区分真实数据和生成数据，而生成模型负责生成符合真实数据概率分布的新数据。通过判别模型和生成模型两个神经网络的对抗训练，生成对抗网络能够有效地生成符合真实数据分布的新数据。

生成对抗网络主要用于样本数据概率分布的建模，并生成与训练数据相同分布的新数据。目前，GAN 在遥感领域主要应用于包括变化检测等，同样也可以用于提升图像分辨率、还原遮挡或破损图像等。生成对抗网络为创造无监督学习模型提供了强有力的算法框架，未来将会更多地应用于无监督学习领域。

⑤ 深度强化学习：深度强化学习是近几年深度学习中非常重要的技术领域，其与其他机器学习的差异在于，深度强化学习更加注重基于环境的改变而调整自身的行为。深度强化学习的运行机制由 4 个基本组件组成，即环境、代理、动作、反馈。通过四者的关系，强调代理如何在环境给予的奖励或者惩罚的刺激下，逐渐改变自己的行为动作，使得其尽可能地适应环境，从而达到环境给予的奖励值最大，并逐步形成符合最大利益的惯性行为。有监督学习在目前的工程实践中是比较成功的，但是对于处理一些难以学习和训练的特征，有监督学习并不能取得较好的效果。深度强化学习与传统的有监督学习方式不同，它不需要用户标记的数据作为训练集，深度强化学习更加注重在线规则，探索未知数据与环境之间的关系，并找到平衡点。深度强化学习在获取大规模数据遥感预训练模型、遥感图像分类等任务中有良好的应用潜力。

#### 3.3.1.2 深度学习模型优化

对于深度学习问题，通常会先定义损失函数，然后使用优化算法来尝试最小化损失。损失函数是由不同类型的任务而定的。在深度学习模型优化中，面临的主要问题是局部最小值、鞍点和梯度消失等（图 3-6）。深度学习模型的目标函数通常有许多局部最优解，当优化问题的数值解接近局部最优值时，随着目标函数解的梯度接近或变为零，通过最终迭代获得的数值解可能仅是目标函数局部最优解，而不是全局最优解，只有一定程度的噪声可能会使参数超出局部最小值。事实上，这是小批量随机梯度下降的有利特性之一，在这种情况下，小批量上梯度的自然变化能够将参数从局部极小值中移除。除了局部最小值之外，鞍点也是梯度消失的另一个原因。鞍点（saddle point）是指函数的所有梯度都消失，但既不是全局最小值也不是局部最小值的任何位置，这时优化可能会停止，尽管它不是最小值。Hessian 矩阵（也称黑塞矩阵）是一种有效的解决方法。当函数在零梯度位置处的 Hessian 矩阵的特征值全部为正值时，我们有该函数的局部最小值；当函数在零梯度位置处的 Hessian矩阵的特征值全部为负值时，我们有该函数的局部最大值；当函数在零梯度位置处的 Hessian 矩阵的特征值为负值和正值时，我们对函数有一个鞍点。深度学习模型优化中，最隐蔽的问题是梯度消失，其是在引入 ReLU 激活函数之前训练深度学习模型相当棘手的原因之一。

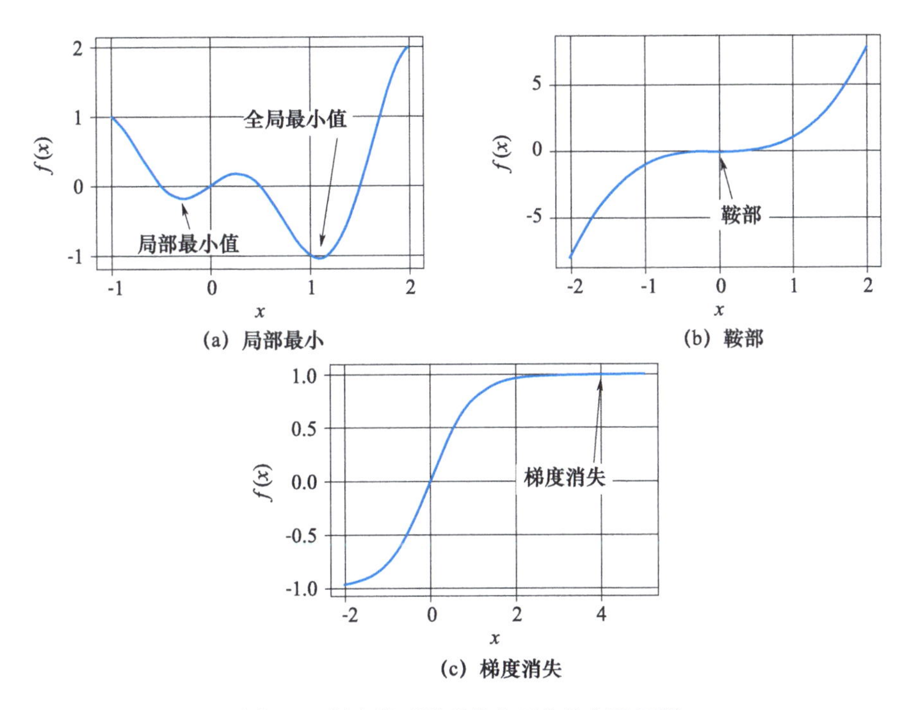


(a) 局部最小　(b) 鞍部

(c) 梯度消失

图 3-6　深度学习模型优化面临的主要问题

模型训练中样本存在数据稀疏问题，采用自动优化算法可以避免过慢收敛，快速使模型稳定。迭代训练采用 Adam 算法，该算法使用了动量变量 $v_t$ 和 RMSProp 算法中小批量随机梯度按元素平方的指数加权移动平均变量 $s_t$，并在时间步 0 将它们中每个元素初始化为 0。给定超参数 $0 \leqslant \beta_1 < 1$（建议设为 0.9），时间步 $t$ 的动量变量 $v_t$ 即小批量随机梯度 $g_t$ 的指数加权移动平均为：

$$v_t \leftarrow \beta_1 v_{t-1} + (1-\beta_1)\ g_t$$

给定超参数 $0 \leqslant \beta_2 < 1$（建议设为 0.999），将小批量随机梯度按元素平方后的项 $g_t t_t$ 做指数加权移动平均得到 $s_t$：

$$s_t \leftarrow \beta_2 s_{t-1} + (1-\beta_2)\ g_t t_t$$

由于我们将 $v_0$ 和 $s_0$ 的元素都初始化为 0，在时间步 $t$ 我们得到：

$$v_t = (1-\beta_1)\sum_{i=1}^{t}\beta_1^{t-i} g_i$$

将过去各时间步小批量随机梯度的权值相加，得到：

$$(1-\beta_1)\sum_{i=1}^{t}\beta_1^{t-i} = 1-\beta_1^t$$

需要注意的是，当 $t$ 较小时，过去各时间步小批量随机梯度权值之和会较小，例如，当 $\beta_1 = 0.9$ 时，$v_1 = 0.1$。为了消除这样的影响，对于任意时间步 $t$，我们可以将 $v_t$ 再除以 $1-\beta_1^t$，从而使过去各时间步小批量随机梯度权值之和为 1，这也叫作偏差修正。在 Adam 算法中，我们对变量 $v_t$ 和 $s_t$ 均做偏差修正：

$$\hat{v}_t \leftarrow \frac{v_t}{1-\beta_1^t}$$

$$\hat{s}_t \leftarrow \frac{s_t}{1-\beta_2^t}$$

接下来，Adam 算法使用以上偏差修正后的变量 $\hat{v}_t$ 和 $\hat{s}_t$，将模型参数中每个元素的学习率通过按元素运算重新调整：

$$g'_t \leftarrow \frac{\eta \hat{v}_t}{\sqrt{\hat{s}_t}+\epsilon}$$

式中：$\eta$——学习率；

$\epsilon$——为了维持数值稳定性而添加的常数。

和 AdaGrad 算法、RMSProp 算法以及 AdaDelta 算法一样，目标函数自变量中每个元素都分别拥有自己的学习率。最后，使用 $g'_t$ 迭代自变量：

$$x_t \leftarrow x_{t-1} - g'_t$$

要素变化模型通常是用于数据稀疏问题，根据任务不同，需要采用二分类或多分类交叉熵损失方法。

binary _ crossentropy 交叉熵损失函数，一般用于二分类：

$$loss = -\sum_{i=1}^{n} \hat{y}_i \log y_i + (1-\hat{y}_i)\log(1-\hat{y}_i)$$

$$\frac{\partial loss}{\partial y} = -\sum_{i=1}^{n} \frac{\hat{y}_i}{y_i} - \frac{2-\hat{y}_i}{1-y_i}$$

categorical _ crossentropy 分类交叉熵函数，一般用于多分类：

$$loss = -\sum_{i=1}^{n} \widehat{y_{i1}} \log y_{i1} + \widehat{y_{i2}} \log y_{i2} + \cdots + \widehat{y_{im}} \log y_{im}$$

式中：$n$——样本数；

$m$——分类数。

注意，这是一个多输出的 *loss* 的函数，所以它的 *loss* 计算也是多个的。

$$\frac{\partial loss}{\partial y_{i1}} = -\sum_{i=1}^{n} \frac{\widehat{y_{i1}}}{y_{i1}}$$

$$\frac{\partial loss}{\partial y_{i2}} = -\sum_{i=1}^{n} \frac{\widehat{y_{i2}}}{y_{i2}}$$

$$\cdots$$

$$\frac{\partial loss}{\partial y_{im}} = -\sum_{i=1}^{n} \frac{\widehat{y_{im}}}{y_{im}}$$

sparse _ categorical _ crossentropy 稀疏分类交叉熵函数，一般用于数据稀疏的多分类问题。

## 3.3.2 深度学习网络

### 3.3.2.1 语义分割

遥感解译的语义分割任务用于解决像素级分类问题。一般的语义分割架构可以被认为是一个编码器—解码器网络。编码器通常是一个预训练的分类网络，如VGG、ResNet，然后是一个解码器网络。这些架构不同的地方主要在于解码器网络。解码器的任务是将编码器学习到的可判别特征（较低分辨率）从语义上投影到像素空间（较高分辨率），以获得密集分类。语义分割不仅需要在像素级上有判别能力，还需要有能将编码器在不同阶段学到的可判别特征投影到像素空间的机制。不同的架构采用不同的机制（跳跃连接、金字塔池化等）作为解码机制的一部分。

常用的语义分割网络如下。

(1) FCN

FCN 的特征是由编码器中的不同阶段合并而成的，它们在语义信息的粗糙程度上有所不同。低分辨率语义特征图的上采样使用经双线性插值滤波器初始化的反卷积操作完成（图 3-7）。

(2) SegNet

SegNet 的新颖之处在于解码器对其较低分辨率的输入特征图进行上采样的方式。具体地说，解码器使用了在相应编码器的最大池化步骤中计算的池化索引来执行非线性上采样。这种方法消除了学习上采样的需要。经上采样后的特征图是稀疏的，因此随后使用可训练的卷积核进行卷积操作，生成密集的特征图（图 3-8）。

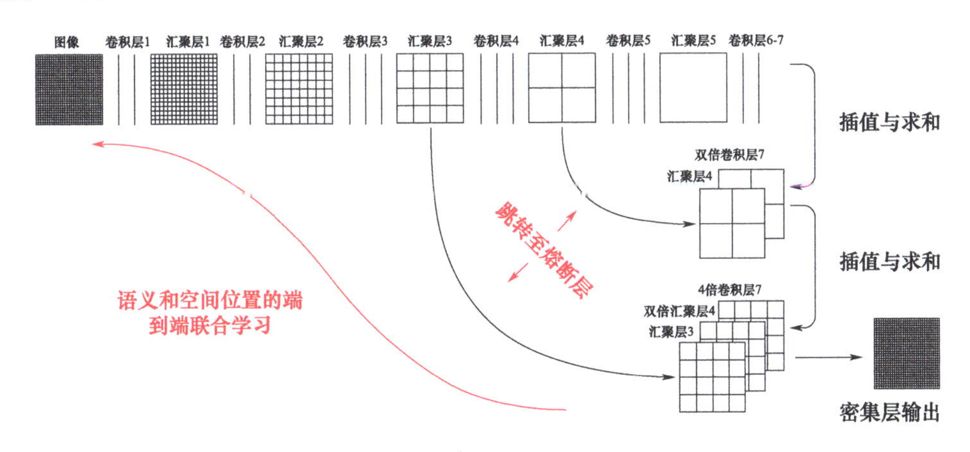


图 3-7　FCN 网络结构示意

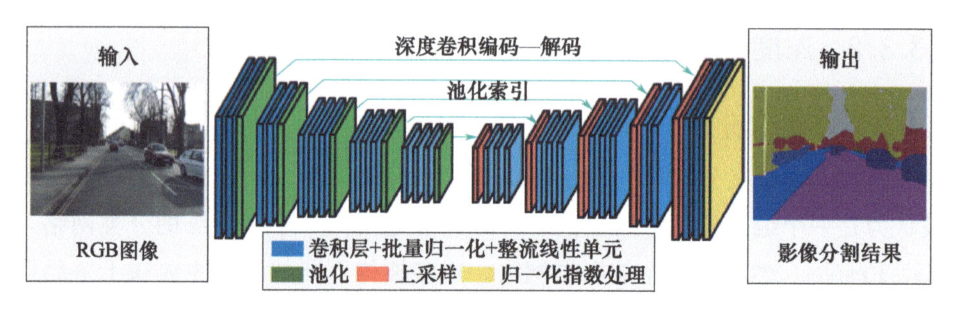


图 3-8　SegNet 网络结构示意

（3）U-Net

U-Net 架构包括一个捕获上下文信息的收缩路径和一个支持精确本地化的对称扩展路径。该网络的特点是采用特征对称的跳跃连接，在每个阶段都允许解码器学习在编码器池化中丢失的相关特征，这样一个网络可以使用非常少的图像进行端到端的训练（图 3-9）。

（4）Deeplab V3

为了解决多尺度目标的分割问题，Deeplab V3 串行/并行设计了能够捕捉多尺度上下文的模块，模块中采用不同的空洞率。此外，Deeplab V3 增强了先前提出的空洞空间金字塔池化模块，增加了图像级特征来编码全局上下文，使得模块可以在多尺度下探测卷积特征（图 3-10）。

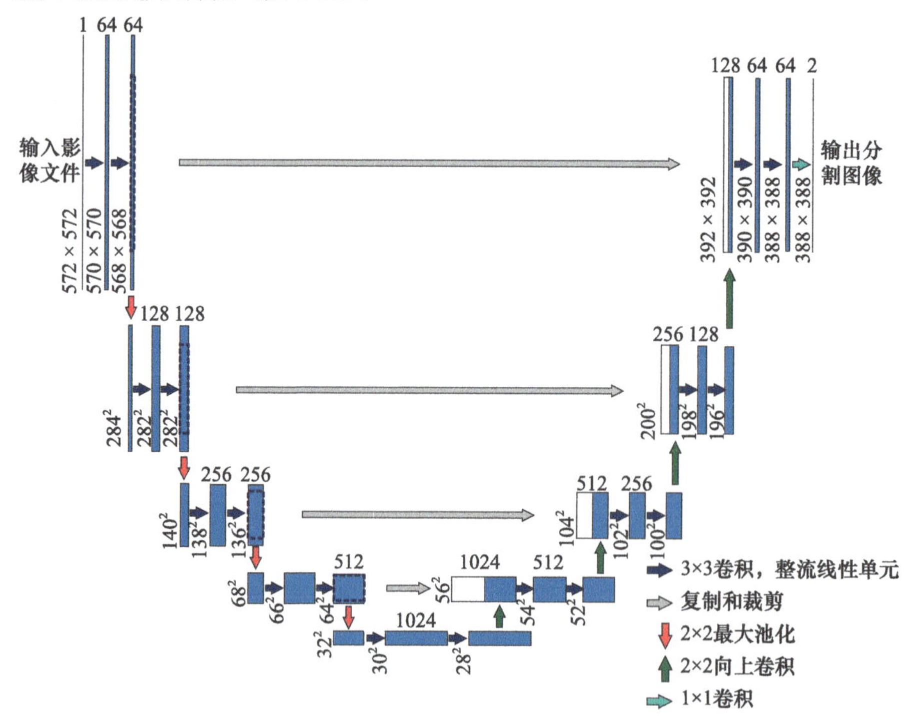


图 3-9　U-Net 网络结构示意

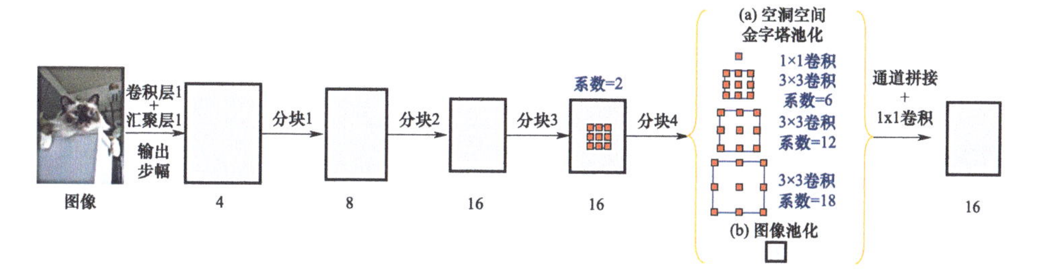


图 3-10　Deeplab V3 网络结构示意

### 3.3.2.2　目标检测

目标检测网络用于获取目标的位置和类别信息，其通常具有两个输出分支，一个用于实现定位任务，一个用于实现分类任务。可用于遥感解译的常用目标检测网络包括以下几种。

（1）Fast R-CNN

Fast R-CNN 网络首先使用特征提取器提取多尺度特征，同时在原图上运行选择搜索算法并将感兴趣区（region of interset，RoI，为坐标组）映射到特征图上，再对每个 RoI 进行 RoI 池化操作便得到等长的特征矢量，将这些得到的特征矢量进行正负样本的整理（保持一定的正负样本比例），分批次传入并行的 R-CNN 子网络，同时进行分类和回归，并将两者的损失统一起来（图 3-11）。

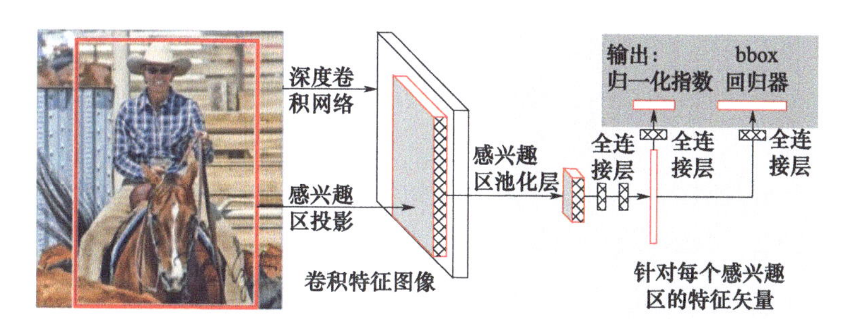


图 3-11　Fast R-CNN 网络结构示意

（2）Faster R-CNN

Faster R-CNN 网络是在 Fast R-CNN 网络的基础上引入了区域提议网络（regional proposal networks，RPN），通过 RPN 网络提取可能包含目标的 regions，再计算每个 regions 的类别概率，并将类别概率最大值作为分类结果（图 3-12 ）。

（3）YOLO

YOLO 是单阶段方法的开山之作。它将检测任务表述成一个统一的、端到端的回归问题，并且以只处理一次图片同时得到位置和分类而得名。YOLO 系列发展的网络众多，典型代表包括 YOLOV3、YOLOV4、YOLOV5 等（图 3-13）。

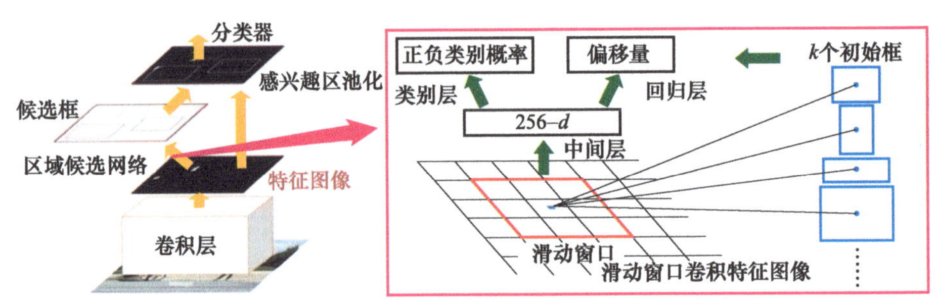


图 3-12 Faster R-CNN 网络结构示意

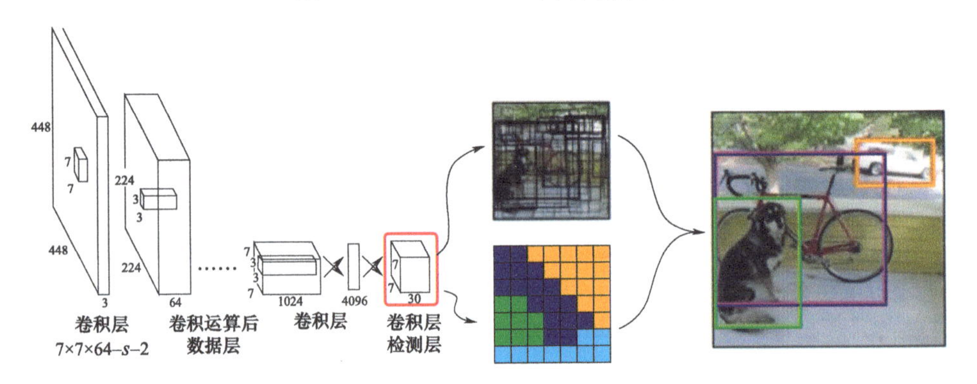


图 3-13 YOLO 结构示意

#### 3.3.2.3 变化检测

遥感变化检测用于获取像素级的变化区域，一般为双时相数据作为输入，也有更多时序数据的输入。可用于遥感变化检测的网络方法包括语义分割网络法和孪生网络法两大类。

基于语义分割网络的变化检测网络首先将不同时相的输入进行波段拼接，然后使用一般的语义分割网络即可（图 3-14）。

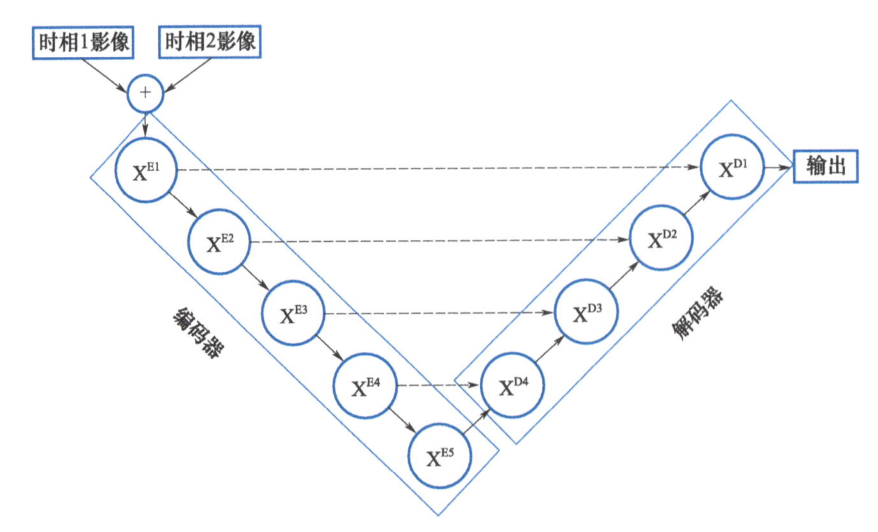


图 3-14 基于语义分割网络的变化检测网络

基于孪生网络的变化检测网络将两个时相的图像分别输入网络的两个分支，使用共享的参数进行特征提取获取特征图，再对两个时相的特征进行拼接，构建组合的特征跳连，输入到解码器部分，多个尺度特征的跳连有效地获取了双时相影像不同层级的特征，最后通过卷积操作和 Sigmoid 分类计算变化特征图中每个像素属于变化类和非变化类的概率（图 3-15）。

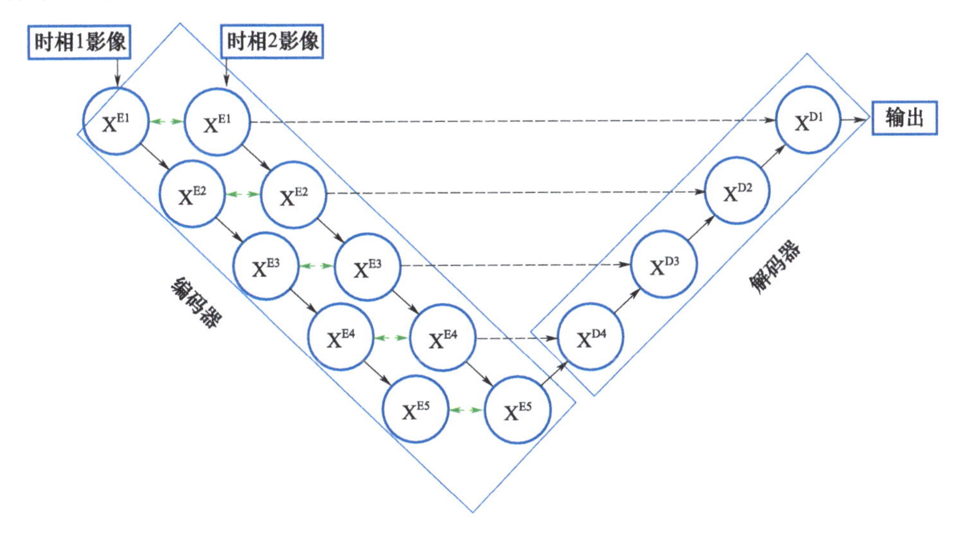


图 3-15　基于孪生网络的变化检测网络

## 3.3.3　深度学习解译样本库

### 3.3.3.1　建库原则

在样本库建设过程中应遵循以下基本原则：

① 实用性原则，样本库建设应在技术指标、标准体系、成果模式、数据库模式等方面面向不同自然资源管理需求；

② 规范化原则，在样本库建设中，数据生产、数据库设计、数据库建立管理与维护、服务等应符合规范化要求；

③ 安全性原则，在数据库设计、数据库建立、系统运行和管理等方面都应有严格的安全和保密措施，确保整个数据库系统安全、正常和有效地运行和使用；

④ 系统性原则，样本库建设要在技术指标、标准体系、成果模式、库体结构、服务方式等方面具有系统性，数据库系统整体上具有良好的集成性；

⑤ 先进性原则，充分利用当前先进、实用的技术手段，采用成熟的技术实现、技术标准、硬件平台和软件环境，实现对大规模、多类型、多尺度样本数据的无缝管理，保障系统稳定、可靠地运行；

⑥ 扩展性原则，样本库建设时应考虑后期运行维护阶段数据扩展工作，数据库服务

器存储空间、数据库支撑软件等应预留相应的容量扩展接口和功能接口。

#### 3.3.3.2 建库技术

遥感解译样本库建设及遥感智能解译应用的技术流程主要由业务需求与应用场景分析、样本采集方案制定与实施、样本库设计与样本综合管理、智能模型训练与迭代优化等流程组成。

(1) 业务需求与应用场景分析

面向林业遥感监测业务需求，开展业务场景分析，将问题拆解为要素提取任务、变化检测任务、目标识别任务、场景分类任务，并结合任务类型、数据条件和业务需求将其拆解为遥感场景。例如林地变化监测业务，其可用数据为可见光遥感影像数据；任务类型为利用两期光学遥感影像进行变化检测；业务场景抽象为遥感场景，包含：前期影像为林地，后期影像分别为道路、耕地、园地、建筑物、农业设施、水体、坑塘、大棚房、构筑物等。林业资源监测要素及其变化种类繁多、场景复杂，而不同场景下的光谱、空间及纹理等特征表现都不尽相同，且多个业务之间又存在一定的关联性，故在细化场景的基础上，统筹综合考虑多样性的业务，打通各业务间的相关性，方便统一构建综合样本分类方案，以更灵活应对不同细化场景的样本抽取及增强训练与优化处理。

(2) 样本采集方案制定与实施

样本采集方案制定与样本采集工程分以下几个关键环节。

① 数据分析与准备

收集现有数据成果，包括影像数据成果及相关生产资料、历史成果矢量数据、林业管理等业务矢量数据，并分析其数据质量及相互套合情况，评估作为初始样本的可用性。

② 采集标准确定

结合数据条件及采集任务类型，定制样本采集标准，包括使用影像数据要求、解译直接/间接标志、采集要素标注规范（几个像素）、样本属性要求等。

③ 采集方案制定

根据现有数据及解译能力，基本确定样本采集方案：基于历史成果数据进行样本数据整合、基于自动提取成果快速进行样本制作、基于人工采集矢量进行样本制作，并形成具体的样本采集流程方案。

④ 样本工程化采集与生产

样本工程化采集与生产包括样本任务下发、影像样本采集、影像样本质检、瓦片样本制作、样本精修与扩增等。

(3) 样本库设计与样本综合管理

样本库设计整体按照概念结构设计、逻辑结构设计、数据库物理结构设计及样本的开发进行工作，首先定义影像样本与瓦片样本的数据组织规范和元数据标准规范，并结合应用需求考虑管理策略，综合考虑影像样本实体数据体量大、逻辑关系复杂及瓦片样本数量多等特点，采用关系型数据库 PostgreSQL 和 MongoDB 混合存储架构进行样本栅格数据、空间数据、属性数据、元数据等的统一存储与管理。整个流程考虑数据库有访问安全控制、存储安全设计和数据库备份与恢复等安全机制。

样本库作为样本数据资源，可实现对影像样本、瓦片样本的综合管理，样本类型涵盖语义分割（要素提取）、变化检测、目标识别和场景分类，可进行批量样本入库管理，按照数据源、分辨率、成像时间等属性及空间进行样本的查询及空间可视化展示，并提供按照类别灵活抽取的能力，支撑不同林业监测业务的模型训练工作。

（4）智能模型训练与迭代优化

遥感智能训练是支撑遥感自动解译的重要技术基础，通常基于深度学习训练框架（TensorFlow/Keras/PyTorch）及基础模型，开展网络模型的设计、训练、优化工作。通过预训练和迭代训练环节、可视化分析模型训练趋势与精度，调节样本数据或训练参数使模型的预测应用结果能够满足精度要求，完成训练的模型进行部署封装以供解译系统使用，支撑自动提取与变化发现的业务应用需求。

## 3.4 系统实现

### 3.4.1 模型训练系统

遥感智能解译的训练系统由模型训练、样本管理、模型管理、预测服务、资源仓库、资源调度与监控、系统配置等功能模块组成。

（1）模型训练

模型训练模块面向目标智能提取、变化发现等业务需求，以样本库中海量样本数据为输入，利用深度学习智能训练技术，支持用户配置训练参数、硬件资源等开展集群式训练，同时支持实时监控展示训练进度和效果，以实现地理要素的智能化自动提取模型训练。

（2）样本管理

样本管理模块面向样本数据统筹管理需求，支持面向多源遥感影像的数十种目标地物、百万级样本数据综合管理。提供样本数据入库、查询、挑选、编辑、展示等能力，为模型训练提供支撑。

（3）模型管理

模型管理模块具备 TensorFlow、Pytorch、Keras 等开源训练框架的模型管理、模型封装与发布等能力。支持基础模型（对用户自己上传的算法、模型）、业务模型（训练任务生成的模型）、推理模型（业务模型部署后生成的模型）进行统一管理。

（4）预测服务

预测服务模块提供在线预测、批量预测两种方式，用于灵活评估模型效果。在线预测支持以地图服务数据为底图，在线实时预测模型效果；批量预测支持用户选择大量实体影像进行批量推理预测，便捷、高效。

（5）资源仓库

资源仓库提供瓦片样本数据集、模型（基础、业务、推理模型）资源的共享管理，为用户提供安全、开放的共享环节。用户可发布自己的数据集、模型到仓库中，也可以订阅其他用户共享的数据集、算法进行使用。同时，仓库中还为用户提供个人中心，可便捷地对数据集、模型进行订阅、取消订阅、上架、下架等操作。

（6）资源调度与监控

资源调度与监控具备多 GPU 集成调度的能力，可合理利用资源用于开展集群式训练，同时提供了硬件资源使用情况实时监控的能力，便于用户在使用过程中选用硬件资源，了解资源使用情况。

（7）系统配置

系统配置提供内置模型、训练框架镜像和推理框架镜像的统一设置与维护能力。

## 3.4.2 智能解译系统

解译系统以面向对象分析、半自动提取、深度学习等技术为基础，将空间数据组织方式、空间分析方法与遥感机理特征相结合，形成多尺度影像分析模型和矢栅一体交互模型，在要素识别、影像分类、变化检测等应用方面，提供可扩展的自动/半自动解译模式，满足林业遥感信息提取与制图需求。解译系统包括要素提取、变化检测、交互精编和解译质检等子系统。

（1）要素提取子系统

要素提取子系统根据业务需求，实现单尺度、多尺度以及知识引导的影像分割能力，实现面向像素及面向对象的影像分类，并提供分类后处理能力，见表 3-1。

**表 3-1　要素提取子系统功能**

| 序号 | 模块名称 | 功能名称 | 功能定义 |
|---|---|---|---|
| 1 | 深度学习要素提取模块 | 林地要素提取 | 以基础影像数据为输入，提供批处理，实现遥感影像林地目标自动检测提取 |
| 2 | | 草地要素提取 | 以基础影像数据为输入，提供批处理，实现遥感影像草地目标自动检测提取 |

（续）

| 序号 | 模块名称 | 功能名称 | 功能定义 |
|---|---|---|---|
| 3 | 深度学习要素提取模块 | 湿地要素提取 | 以基础影像数据为输入，提供批处理，实现遥感影像湿地目标自动检测提取 |
| 4 | | 病虫害提取 | 以基础影像数据为输入，提供批处理，实现遥感影像森林病虫害目标自动检测提取 |
| 5 | | 乡村绿化提取 | 以基础影像数据为输入，提供批处理，实现遥感影像乡村绿化目标自动检测提取 |
| 6 | 面向对象分类模块 | SVM 监督分类 | 以多尺度影像分割图斑数据、样本特征、分类范围参数、分类器参数为输入，综合利用影像分割后图斑的光谱、颜色、纹理及植被指数等特征，采用 SVM（支持向量机）算法的监督分类方法，基于样本在特征空间上的间隔最大的线性分类思想实现影像上所有图斑的地物类别分类 |
| 7 | | KNN 监督分类 | 以多尺度影像分割图斑数据、样本特征、分类范围参数、分类器参数为输入，综合利用影像分割后图斑的光谱、几何、纹理等特征，采用 KNN（$k$ 邻近）算法的监督分类方法 |
| 8 | | 光谱角填图法 | 实现基于光谱角填图分类算法的影像监督分类 |
| 9 | | BP 神经网络分类方法 | 实现基于 BP 神经网络分类算法的影像监督分类 |
| 10 | 面向像素分类模块 | SVM 监督分类 | 以多尺度影像分割图斑数据、样本特征、分类范围参数、分类器参数为输入，综合利用影像分割后图斑的光谱、颜色、纹理及植被指数等特征，采用 SVM（支持向量机）算法的监督分类方法，基于样本在特征空间上的间隔最大的线性分类思想实现影像上所有图斑的地物类别分类 |
| 11 | | KNN 监督分类 | 以多尺度影像分割图斑数据、样本特征、分类范围参数、分类器参数为输入，综合利用影像分割后图斑的光谱、几何、纹理等特征，采用 KNN（$k$ 邻近）算法的监督分类方法 |
| 12 | | 光谱角填图法 | 实现基于光谱角填图分类算法的影像监督分类 |
| 13 | | BP 神经网络分类方法 | 实现基于 BP 神经网络分类算法的影像监督分类 |
| 14 | | IsoData 分类方法 | 实现基于 IsoData 算法的影像非监督分类 |
| 15 | | $K$-均值分类方法 | 实现基于 $K$-均值分类算法的影像非监督分类 |

（续）

| 序号 | 模块名称 | 功能名称 | 功能定义 |
|---|---|---|---|
| 16 | 分类后处理模块 | 主次分析 | 采用类似卷积滤波的方法将较大类别中的虚假像元归到该类中，先定义一个变换核尺寸，用变换核中占主要地位（像元素最多）的像元类别代替中心像元的类别。如果使用次要分析，将用变换核中占次要地位像元的类别代替中心像元的类别 |
| 17 | | 聚类处理 | 运用数学形态学算子（腐蚀和膨胀），将临近的类似分类区域聚类并进行合并 |
| 18 | | 过滤处理 | 解决分类图像中出现的孤岛问题。过滤处理使用斑点分组方法来消除这些被隔离的分类像元 |
| 19 | 影像分割模块 | 多尺度分割 | 以基础影像产品为输入，基于多尺度分割算法，分割参数，实现影像对象化破碎 |
| 20 | | 矢量引导影像分割 | 以基础影像产品、参考矢量数据、分割参数为输入，实现基于已有矢量面要素的矢量引导多尺度分割 |
| 21 | 特征计算与统计模块 | 特征定义 | 通过已有特征（如矢量、几何、光谱等），输入自定义表达式，定义新的特征 |
| 22 | | 特征计算 | 以多尺度影像分割结果的图斑为单位，计算已经定义的特征 |
| 23 | | 特征统计 | 以多尺度影像分割后图斑的特征计算结果为输入，统计影像内所有图斑的特征值范围 |
| 24 | | 基于特征统计值的对象筛选 | 以多尺度影像分割后图斑的特征计算结果为输入，通过特征统计，实现特征值在阈值范围内的图斑提取 |

（2）变化检测子系统

变化检测子系统以多源卫星遥感数据、地面监测数据为输入，具备基于深度学习的变化检测、基于统计分析的变化检测、基于分类结果的变化检测以及基于序列影像的变化检测等多种变化检测技术及能力，见表 3-2。

**表 3-2　变化检测子系统功能**

| 序号 | 模块名称 | 功能名称 | 功能定义 |
|---|---|---|---|
| 1 | 基于深度学习的变化检测 | 基于深度学习的多期影像自动变化检测 | 基于深度学习的多期影像自动变化检测支持利用深度学习模型进行多期影像的自动变化检测，获取疑似变化图斑 |
| 2 | | 指数特征去伪 | 指数特征去伪支持利用 NDWI、NDVI、亮度等光谱特征进行疑似变化图斑的去伪 |
| 3 | | 相似性去伪 | 相似性去伪利用变化图斑在两期影像上表现的相似度去除伪变化，对相似度较高的伪图斑进行去除 |

（续）

| 序号 | 模块名称 | 功能名称 | 功能定义 |
|---|---|---|---|
| 4 | 基于统计分析的变化检测 | 创建分析模型 | 创建分析模型，作为后续全要素变化检测分析的基础 |
| 5 | | 全要素自动变化检测 | 全要素自动变化检测以历史地表覆盖矢量数据或历史分类数据为输入，结合新时相影像数据，基于统计学理论采用“语义—场景—特征—规则”的变化分析方法，获取带概率的疑似变化图斑 |
| 6 | | 形态指数去伪 | 形态指数去伪支持利用面积、狭长度、紧致度等形态指数进行伪图斑的去除 |
| 7 | 基于分类结果的变化检测 | 基于分类结果的变化检测 | 基于分类结果的变化检测面向自然资源变化检测需求，针对水体、林地、道路、农田等，以多期影像和对应的分类结果为输入，获取影像重叠区域与相应分类结果，并通过差值计算获取变化区域 |
| 8 | 基于序列影像的变化检测 | 基于序列影像的变化检测 | 基于序列影像的变化检测以多期遥感影像数据为输入，进行像素级的快速变化检测，提供包括多元变化检测法、迭代多元变化检测法、主成分分析法等主流的像素级的自动变化检测算法 |
| 9 | 变化检测结果优化处理 | 栅格成果矢量化 | 栅格成果矢量化支持对栅格变化结果进行矢量化 |
| 10 | | 矢量抽稀平滑 | 矢量抽稀平滑实现对矢量数据节点抽稀，减少数据冗余 |
| 11 | | 变化检测结果合成 | 变化检测结果合成支持按照时间、空间维度的图斑合并；针对多时期监测成果数据，提供按时间维度的监测图斑合并算法，包括月度监测成果整合、季度监测成果整合、年度监测成果整合等；针对不同的生产任务目标，提供按空间维度的监测图斑合并算法，在指定时间范围内，按照行政区划范围或指定坐标范围生成区域范围内的变化图斑合成成果 |

（3）交互精编子系统

交互式精编子系统提供交互式编辑，对要素提取及变化检测结果进行精编，包括工程管理、地图浏览、图形采编、属性编辑、成果导出和辅助工具等模块，见表 3-3。

**表 3-3　交互精编子系统功能**

| 序号 | 模块名称 | 功能名称 | 功能定义 |
|---|---|---|---|
| 1 | 工程管理模块 | 新建工程 | 新建一个数据工程（ *.gwd） |
| 2 | | 保存工程 | 保存当前数据工程 |
| 3 | 地图浏览模块 | 视图属性 | 查看当前视图的属性信息 |
| 4 | | 地图缩放 | 可以在视图窗口中将地图放大缩小进行查看 |
| 5 | | 影像显示 | 可对影像背景值、亮度、对比度等显示效果进行设置 |
| 6 | | 显示风格配置 | 表现不同的影像显示风格 |
| 7 | | 卷帘 | 通过新旧影像的叠加显示，实现两幅影像的实时对比，发现变化区域 |

（续）

| 序号 | 模块名称 | 功能名称 | 功能定义 |
|---|---|---|---|
| 8 | 图形采编模块 | 点采集 | 通过点采集工具，添加点状地物 |
| 9 | | 折线采集 | 通过折线采集工具，添加线状地物 |
| 10 | | 样条曲线采集 | 通过样条曲线采集工具，添加线状地物 |
| 11 | | 多边形采集 | 用于在地图中增加多边形面对象 |
| 12 | | 剪切 | 实现对激活图层下可见地物对象的剪切操作 |
| 13 | 属性编辑模块 | 要素属性栏 | 用于显示和编辑被选中对象的字段名称和字段属性 |
| 14 | | 地物类刷 | 调整对象的地物类，将后一个对象调整成和前一个对象一致的地物类 |
| 15 | | 标注配置 | 为矢量数据添加标注 |
| 16 | | 固有属性转出 | 将地物类码、地物类名称、有向点角度、高程值的固有属性值转出到指定的扩展属性中 |
| 17 | 成果导出模块 | 矢量数据导出 | 对指定矢量数据图层进行导出为不同格式，包括 shp、mdb、gdb；针对 mdb/gdb，支持导出数据集功能 |
| 18 | | 分析数据导出为栅格数据 | 对指定分析数据进行导出为 tif 或 img 格式的栅格数据，导出的数据类型为面向对象。多尺度分析数据导出时需选择尺度级数 |
| 19 | | 分析数据导出为矢量数据 | 对指定分析数据进行导出为 shp 格式的矢量数据，导出的数据类型为面向对象。多尺度分析数据导出时需选择尺度级数 |
| 20 | 辅助工具模块 | 矢量方案设计器 | 用于定义数据的图层组织、地物类编码、地物类名称、几何类型、属性结构以及符号挂接等信息 |
| 21 | | 量测工具 | 完成地图窗口距离、面积量测 |
| 22 | | 工程属性 | 实现查看工程属性、添加符号文件及自定义修改坐标系等功能 |

（4）解译质检子系统

解译质检子系统对系统中得到的矢量、栅格等专题产品进行质量检查，并输出质量检查报告，见表 3-4。

**表 3-4　解译质检子系统功能**

| 序号 | 模块名称 | 功能名称 | 功能定义 |
|---|---|---|---|
| 1 | 专题产品质量检查模块 | 图形检查 | 对变化检测、目标提取等专题产品出现的几何现象进行检测，包括重点检查、重线检查、重面检查、线上重点检查、悬挂点检查、伪节点检查、自相交打折检查、两线相交检查、道路连通性检查、公共结点检查、咬合检查共 11 种检测类型 |

（续）

| 序号 | 模块名称 | 功能名称 | 功能定义 |
| --- | --- | --- | --- |
| 2 | 专题产品质量检查模块 | 拓扑检查 | 对变化检测、目标提取等专题产品数据的拓扑错误进行检查，包括悬挂线检查、面空洞检查、面缝隙检查和面拓扑检查，通过将问题图形用错误标识进行标记和生成质检结果列表来显示或定位问题所在，方便对存在的错误和矛盾进行实时编辑和处理 |
| 3 | | 属性检查 | 按用户的要求来对变化检测、目标提取等专题产品数据的地物类和对象的属性信息进行检测和控制，以查找和改正错误，避免在属性录入过程中由于操作不慎导致错误 |
| 4 | | 逻辑检查 | 对变化检测、目标提取等专题产品数据的逻辑关系进行检查，包括点落入线检查、点不落入线检查、线落入线检查、线不落入线检查、点落入面检查、点不落入面检查、线落入面检查、线不落入面检查、线穿越面检查和相邻面属性相同检查等，通过将问题生成质检结果列表的方式来显示或定位问题所在，方便对存在的错误和矛盾进行实时编辑和处理 |
| 5 | 质量检查报告生成模块 | 质检报告输出 | 输入专题产品质量检查结果以及质量检查报告，生成并输出质检报告 |

## 3.5 小　结

遥感智能解译中面向对象分析和半自动提取技术已经发展得较为完备，在生产实践中也取得了较好的应用效果，但这些技术的人工工作量仍然较大，想要进一步提升遥感解译效率则需加快发展深度学习遥感智能解译技术。基于深度学习的遥感智能解译需重点考虑解译样本库、模型训练和解译技术的综合发展。其中解译样本库是深度学习训练的数据资源支撑，模型训练为遥感解译提供深度学习解译模型，智能解译在模型的支撑下实现自动要素信息提取与变化检测，并能生成样本反馈样本库，它们之间综合使用可以构建持续迭代的高精度和高效率的智能解译技术体系。

# 第 4 章 质量精度评价

本章重点阐述遥感影像处理成果与遥感智能解译结果的质量评价方法，在遵循地理信息数据产品质量控制标准的原则下，设计质量评价指标与评价方法，实现林业遥感影像产品数据与遥感智能解译成果数据质量控制。

## 4.1 影像质量评价

### 4.1.1 质量评价指标

遥感影像质量评价包括影像规格、云量、几何精度、辐射质量等，通过综合以上各项的指标，对影像质量进行整体性评价。

#### 4.1.1.1 影像规格评价指标

影像规格评价是对影像文件完整性、有效性和元数据质量等指标进行综合评估。

影像文件完整性评估主要对影像产品的必要性文件进行检查，包括对数据文件tif、tfw、rpb、xml、jpg 等是否完整进行检查。

影像文件有效性评估主要对影像数据是否能打开、是否有效进行检查。

元数据质量评估主要对影像产品元数据文件进行内容检查，检查记录内容是否完整、合理、符合值域范围。

#### 4.1.1.2 云量评价指标

云量评价主要是对单景数据内云量面积占单景数据总面积的比值来进行评估，默认情况下，云量评价分 4 个等级，分别为优、良、中、差，见表 4-1。

表 4-1 云量评价指标

| 云量 | 质量等级 |
|---|---|
| [0，5%] | 优 |
| (5%，15%] | 良 |

（续）

| 云量 | 质量等级 |
|---|---|
| (15%，60%] | 中 |
| (60%，100%] | 差 |

#### 4.1.1.3 几何精度评价指标

几何精度评价主要是对影像的几何精度进行评估，评价内容包括绝对几何精度和相对几何精度。

（1）绝对几何精度

绝对几何精度是指待评估影像与参考影像检查点之间的点位中误差结果，精度评价指标见表 4-2。

**表 4-2 影像几何精度评价指标** 单位：mm（图上）

| 比例尺 | 平地、丘陵地 | 山地、高山地 |
|---|---|---|
| 1∶5000、1∶10000、1∶25000、1∶50000、1∶100000 | 0.5 | 0.75 |

（2）相对几何精度

相对几何精度是指待评估影像全色与多光谱，以及多光谱谱段间的几何误差结果，一般要求不大于 1 个像素。

#### 4.1.1.4 辐射质量评价指标

辐射质量评价主要是对 CCD 片间、抽头、缺失、乱码与噪声、偏色等质量问题进行评估。

（1）CCD 片间问题

CCD 片间问题主要是由于传感器接收卫星影像信息产生衰变，导致条带与条带间接收信号较弱或缺失，从而产生影像片间与片间出现辐射条纹问题。辐射条纹问题一般分为轻度、中度、重度 3 个等级，具体分级如下：

① 当 CCD 问题条带条数≥5 时，代表问题重度；

② 当 2＜CCD 问题条带条数＜5 时，代表问题中度；

③ 当 CCD 问题条带条数＝1 或 CCD 问题条带条数＝2 时，代表问题轻度。

（2）抽头问题

抽头问题主要是卫星传感器接收信号出现纵向信息较弱或缺失情况，从而造成影像片间内存在条纹问题。抽头问题一般同样分为轻度、中度、重度 3 个等级，具体分级如下：

① 当抽头分布 CCD 数量/CCD 数量＝100%时，代表问题重度；

② 当 50%≤抽头分布 CCD 数量/CCD 数量＜100%时，代表问题中度；

③ 当 0＜抽头分布 CCD 数量/CCD 数量＜50%时，代表问题轻度。

（3）缺失问题

缺失问题主要由于卫星数据在数据接收过程中出现信息块状缺失，造成单景影像呈现黑色或空白区（图 4-1）。

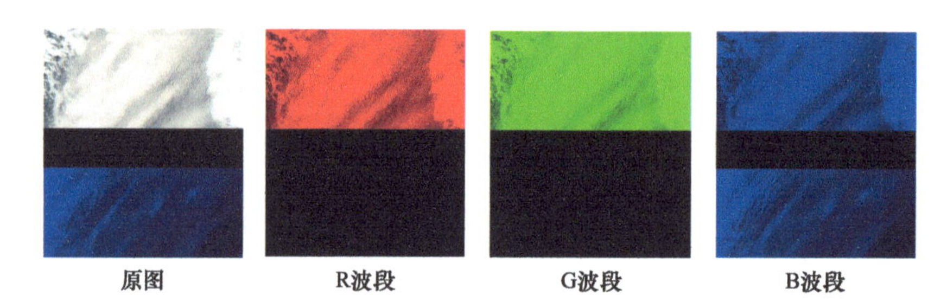


图 4-1 影像缺失问题

根据缺失面积，缺失问题分为轻度、中度、重度 3 个等级，具体分级如下：

① 当缺失面积≤3%时，评定为轻度；

② 3%＜当缺失面积≤10%或中间区域面积缺失≤10%时，评定为中度；

③ 当缺失面积＞10%或中间面积缺失时，评定为重度。

（4）乱码与噪声问题

乱码是由于传感器接收数据或地面站处理数据时造成数据拉花，乱码偏向于大面积且无纹理信息只有条纹；噪声是由于传感器接收数据时受到天气等因素影响导致影像存在信息部分缺失或异常情况，在遥感图像中体现为无纹理信息无规则或有规则的条带（图 4-2）。

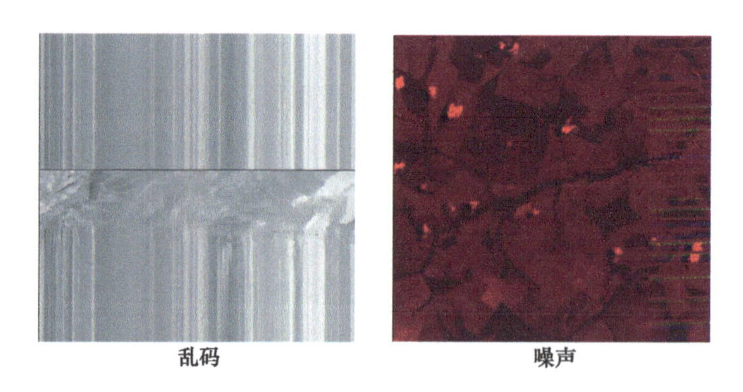


图 4-2 影像乱码与噪声问题

单景影像平均分为上、中、下区，当问题区域像素数小于轻微分级比例时，判定为轻微；当问题区域像素数大于等于轻微分级比例，小于严重分级比例时，判定为中度；当问题区域像素数大于等于严重分级比例时，判定为严重。具体分级见表 4-3、表 4-4。

表 4-3　乱码程度分级

| 分级 | 位置 | | |
| --- | --- | --- | --- |
| | 上 | 中 | 下 |
| 轻微 | 10% | 5% | 10% |
| 中度 | 15% | 10% | 15% |
| 严重 | 15% | 10% | 15% |

表 4-4　噪声程度分级

| 分级 | 位置 | | |
| --- | --- | --- | --- |
| | 上 | 中 | 下 |
| 轻微 | 2% | 1% | 2% |
| 中度 | 3% | 2% | 3% |
| 严重 | 4% | 2% | 4% |

（5）偏色问题

偏色问题是由于传感器接收单波段或多个波段数据信息异常，从而导致影像颜色失真，与正常自然颜色严重不符的情况。偏色评价区分采用轻度、中度、重度 3 个等级，分别与已建立的 3 个等级影像偏色样本库进行对比，当相似度达到 90%以上，即判定该数据为该等级偏色。

### 4.1.2　质量评价方法

根据评价指标对检查项按质量元素进行评分，质量等级划分为优级品、良级品、合格品、不合格品四级。成果质量评分采用质量元素中的最低分，具体如下。

（1）质量元素评分方法

根据质量检查结果，计算质量元素分值，当质量元素检查结果不满足规定的合格条件时，不计算分值，该质量元素不合格。

（2）成果质量评分

根据质量元素分值，评定成果质量分值。

$$S=\min(S_i)\ (i=1,\ 2,\ \cdots,\ n)$$

式中：$S$——单位成果质量得分值；

$S_i$——第 $i$ 个质量元素的得分值（表 4-5）；

$n$——质量元素的总数。

**表 4-5 遥感影像质量评价表**

| 质量元素 | 检查项 | 检查内容 | 质量等级 | 合格条件 | 计分方法 | 质量元素分值 $S_i$ | 备注 |
|---|---|---|---|---|---|---|---|
| 影像规格 | 文件完整性 | 检查数据是否完整 | 符合/不符合 | 符合 | 符合：$S=100$ | 取 $S$ 的最小值 | 总体概查 |
| | 文件有效性 | 检查文件能否正常打开 | 符合/不符合 | 符合 | 符合：$S=100$ | | |
| | 元数据质量 | 检查元数据是否完整、合理、符合值域范围 | 符合/不符合 | 符合 | 符合：$S=100$ | | |
| 云量 | 影像云量占比 | 检查数据内云量占比 | 优/良/中/差 | 优/良/中 | 优：$S=100$<br>良：$S=75$<br>中：$S=60$ | 取 $S$ 的最小值 | 总体概查 |
| 几何精度 | 绝对几何精度 | 检查影像成果与参考影像之间点位误差 | 符合/不符合 | 根据区域，平地、丘陵地检测中误差 $m \leqslant 0.5$，山地、高山地检测中误差 $m \leqslant 0.75$ | 符合：$S=100$ | 取 $S$ 的最小值 | 总体概查，检查点分布均匀，位置易于辨认，不少于 20 个，以单位成果进行统计，困难时可以扩大统计范围 |
| | 相对几何精度 | 检查影像全色与多光谱、谱段间点位误差 | 符合/不符合 | $m$(检测中误差) $\leqslant 1$ 像素 | 符合：$S=100$ | | |

（续）

| 质量元素 | 检查项 | 检查内容 | 质量等级 | 合格条件 | 计分方法 | 质量元素分值 $S_i$ | 备注 |
|---|---|---|---|---|---|---|---|
| 辐射质量 | CCD 片间 | 检查 CCD 片间辐射条纹问题 | 轻度/中度/重度 | 轻度/中度 | 轻度：$S=100$<br>中度：$S=65$ | 取 $S$ 的最小值 | 总体概查 |
| | 抽头 | 检查纵向信息衰弱或缺失情况 | 轻度/中度/重度 | 轻度/中度 | 轻度：$S=100$<br>中度：$S=65$ | | |
| | 缺失 | 检查影像信息块状缺失问题 | 轻度/中度/重度 | 轻度/中度 | 轻度：$S=100$<br>中度：$S=65$ | | |
| | 乱码 | 检查影像乱码拉花问题 | 轻度/中度/重度 | 轻度/中度 | 轻度：$S=100$<br>中度：$S=65$ | | |
| | 噪声 | 检查影像噪声、污点、划痕等程度 | 轻度/中度/重度 | 轻度/中度 | 轻度：$S=100$<br>中度：$S=65$ | | |
| | 偏色 | 检查影像色调不均匀、明显失真、色彩反差明显等程度 | 轻度/中度/重度 | 轻度/中度 | 轻度：$S=100$<br>中度：$S=65$ | | |

（3）成果质量评定等级

依据成果的质量得分评定质量等级，见表 4-6。

**表 4-6　成果质量评定等级**

| 质量得分 | 质量等级 |
| --- | --- |
| 75 分$<S\leqslant$100 分 | 优级品 |
| 65 分$<S\leqslant$75 分 | 良级品 |
| 60 分$\leqslant S\leqslant$65 分 | 合格品 |
| 质量元素检查结果不满足规定的合格条件 | 不合格品 |
| 质量元素出现不合格 | |

## 4.2　解译质量评价

### 4.2.1　解译质量标准

① 解译的完整性。标志着所得出的结果与给定任务的符合程度，一般以质量指标来表示，在个别情况下，也会进行数量的评价，即已解译数量与总数量的百分比。

② 解译的可靠性。指解译结果与实际的符合程度，决定于正确地物数量与实际地物总数量的比值关系。

③ 解译的及时性。由于影像本身具备很强的时间特性，获取的影像一定要及时解译，否则过段时间后实际地物与影像存在更大差别，不利于影像的解译精度。

④ 解译结果的明显性。解译成果应该根据任务目标，用相应的符号、线条清晰绘制出来，尽量使得解译成果可视化，以便理解应用。

### 4.2.2　精度评价指标

#### 4.2.2.1　混淆矩阵

混淆矩阵（confusion matrix）又称误差矩阵（error matrix），是一个用于表示分到某一类别的像元个数与地面检验为该类别像元个数的比较矩阵。通常，矩阵中的列代表参考数据，行代表由遥感数据分类得到的类别数据，见表 4-7。

表 4-7　混淆矩阵表

| 分类数据（预测类别） | 参考数据（实际类别） | | | | |
|---|---|---|---|---|---|
| | 类别 1 | 类别 2 | …… | 类别 $k$ | $N_{i+}$ |
| 类别 1 | $N_{11}$ | $N_{12}$ | …… | $N_{1k}$ | $N_{1+}$ |
| 类别 2 | $N_{21}$ | $N_{22}$ | …… | $N_{2k}$ | $N_{2+}$ |
| …… | …… | …… | $N_{ij}$ | …… | …… |
| 类别 $k$ | $N_{k1}$ | $N_{k2}$ | …… | $N_{kk}$ | $N_{k+}$ |
| $N_{+j}$ | $N_{+1}$ | $N_{+2}$ | …… | $N_{+k}$ | $N$ |

其中：$k$ 为总类别数，$N$ 为总样本数；

$N_{ij}$ 为被分为 $i$ 类而在参考类别中属于 $j$ 类的样本数目；

$N_{i+}$ 为被分为 $i$ 类的样本总数，其计算公式为 $N_{i+}=\sum_{j=1}^{k} N_{ij}$ ；

$N_{+j}$ 为参考类别中被分为 $j$ 类的样本总数，其计算公式为 $N_{+j}=\sum_{i=1}^{k} N_{ij}$ 。

混淆矩阵能够很清楚地看到每个地物正确分类的个数以及被错分的类别和个数。但是，混淆矩阵并不能一眼就看出类别分类精度的好坏，为此从混淆矩阵衍生出来各种分类精度指标，其中总体分类精度（$OA$）和卡帕系数（Kappa）应用最为广泛。

① 总体分类精度（$OA$）：它等于被正确分类的像元总和除以总像元数。被正确分类的像元数目沿着混淆矩阵的对角线分布，总像元数等于所有真实参考源的像元总数。计算公式如下：

$$OA=\frac{\sum_{i=1}^{k} N_{ii}}{N}$$

② 卡帕系数（Kappa）：基于混淆矩阵的 Kappa 系数计算公式如下：

$$K=\frac{N\sum_{i=1}^{k} N_{ii}-\sum_{i=1}^{k} N_{i+}\times N_{+j}}{N^{2}-\sum_{i=1}^{k} N_{i+}\times N_{+j}}$$

卡帕系数用于一致性检验，也可以用于衡量分类精度，计算结果位于［-1，1］，但通常落在［0，1］。卡帕系数的结果可分为五组来表示不同级别的一致性，见表 4-8。

表 4-8　卡帕系数一致性对照表

| 卡帕系数 | 一致性 |
|---|---|
| (0.00，0.20] | 极低的一致性 |
| (0.20，0.40] | 一般的一致性 |
| (0.40，0.60] | 中等的一致性 |
| (0.60，0.80] | 高度的一致性 |
| (0.80，1.00] | 几乎完全一致 |

#### 4.2.2.2 精确率和召回率

对于常见的二分类问题，样本只有 2 种分类结果，将其定义为正例与反例。那么在进行分类时，对于一个样本，可能出现的分类情况共有 4 种：

① 样本为正例，被分类为正例，称为真正例（$TP$）；

② 样本为正例，被分类为反例，称为假反例（$FN$）；

③ 样本为反例，被分类为正例，称为假正例（$FP$）；

④ 样本为反例，被分类为反例，称为真反例（$TN$）。

令 $TP$、$FP$、$TN$、$FN$ 分别表示其对应的样例数，则分类结果的混淆矩阵见表 4-9。

**表 4-9 分类结果混淆矩阵**

| 真实情况 | 预测结果 | |
| --- | --- | --- |
| | 正例 | 反例 |
| 正例 | $TP$（真正例） | $FN$（假反例） |
| 反例 | $FP$（假正例） | $TN$（真反例） |

(1) 精确率（precision）

精确率又称为查准率，是针对一个类别预测结果而言的，它表示的是预测为正的样例中有多少是真正的正样例。公式如下：

$$P=\frac{TP}{TP+FP}$$

(2) 召回率（recall）

召回率又称为查全率，是针对原来的样本而言的，它表示的是样本中的正例有多少被预测正确。公式如下：

$$R=\frac{TP}{TP+FN}$$

#### 4.2.2.3 *P-R* 曲线

*P-R* 曲线是描述精确率/召回率变化的曲线，横轴为召回率，纵轴为精确率，通过选取不同阈值时对应的 $P$ 和 $R$ 画出该曲线。根据 *P-R* 曲线可以评估模型的性能（图 4-3）。

若一个学习模型的 *P-R* 曲线完全包住另一个学习模型的 *P-R* 曲线，则前者的性能优于后者，如图 4-3 中的 $A$ 和 $B$ 优于学习器 $C$；若两个学习模型的 *P-R* 曲线互相交叉，如图 4-3 中的 $A$ 和 $B$，则谁曲线下的面积大，谁的性能更优，但一般来说，曲线下的面积是很难进行估算的，所以衍生出了“平衡点”（break-event point，BEP），即 $P=R$ 时的取值，平衡点的取值越高，性能更优。

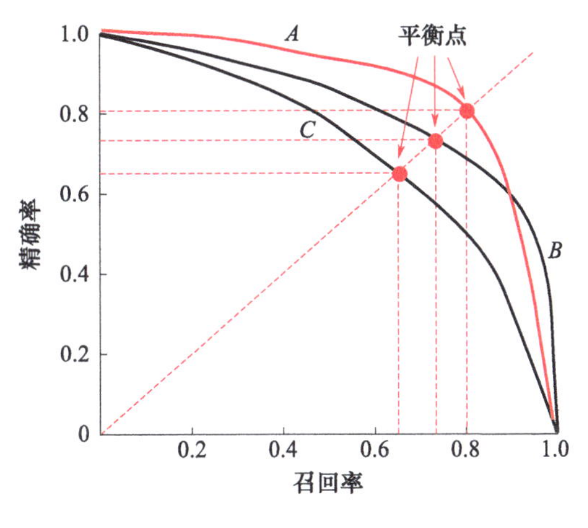


图 4-3 *P-R* 曲线图

#### 4.2.2.4 *F*-Measure

除了使用 *P-R* 曲线去兼顾一个模型的精确率和召回率之外，最常见的评估模型：精确率和召回率方法，还有 *F*-Measure，它是精确率和召回率的加权调和平均数。其计算公式如下：

$$F_\beta=\frac{(\beta^2+1)\ P\times R}{\beta^2 P+R}$$

式中：$\beta$——参数；

$P$——精确率；

$R$——召回率。

当参数 $\beta=1$ 时，就是最常见的 $F_1$，即 $F_1=2\times\frac{P\times R}{P+R}$，当 $F_1$ 取值较高时，则说明该方法比较有效。

## 4.3 小 结

质量精度评价是质量控制的重要环节，严格控制成果质量是获得科学、合理、真实数据的基础保证。遥感影像的质量是开展遥感解译的基础前提，遥感解译的质量是保证解译准确性的重要条件。本章根据实际业务应用的关注点，提出了影像质量和解译质量的评价指标及其方法，有效支撑了质检工作顺利开展，确保各项任务高质量进行。

# 第 5 章 林业遥感智能监测

本章面向林业遥感监测要求，基于深度学习等技术，提出林业遥感智能监测流程，选取林地变化、松材线虫病和乡村绿化状况等典型应用场景，详细阐述不同应用场景下的智能监测方案和解译技术，为林业遥感智能监测广泛应用提供参考。

## 5.1 智能监测意义

林业资源是生态资源的基础和核心载体，有效保护和监管林业资源对维护国土生态安全、保障林业可持续发展、促进生态文明建设和坚持绿色发展具有重要意义。随着我国数字化进程的全面开展，AI 与地理遥感的深度融合为地理信息和空间科技产业赋予了更加敏锐的“洞察力”，可全面跟进人类活动或自然变化对地表的影响，为生态监测和自然资源等行业提供切实可靠的依据。面向林业遥感监测工作需求，利用遥感、AI、互联网+等技术手段，收集和统筹多源遥感数据、林业基础数据、各类专题数据以及各类综合数据等数据资源，依托智能解译技术，开展资源调查、资源动态监测、生物量估测、火灾监测、病虫害监测、生态工程监测、执法检查等，实现各专项疑似图斑智能提取或变化发现，可有效提升监测工作效率，为林业监管、决策分析和生态保护提供有力支撑。

## 5.2 智能监测流程

林业遥感智能监测以历史监测数据为本底，叠加各级行政界线和国有林场、自然保护地等林业经营界线，形成林业监测底图。通过自动变化识别、内业交互判读和外业实地核查相结合的方法，利用最新高分辨率遥感影像和历史影像，基于大数据、深度学习等先进技术，开展林业资源变化和现状监测，并进行监测成果专题分析、数据统计和专题制图等（图 5-1）。监测流程主要包括以下内容。

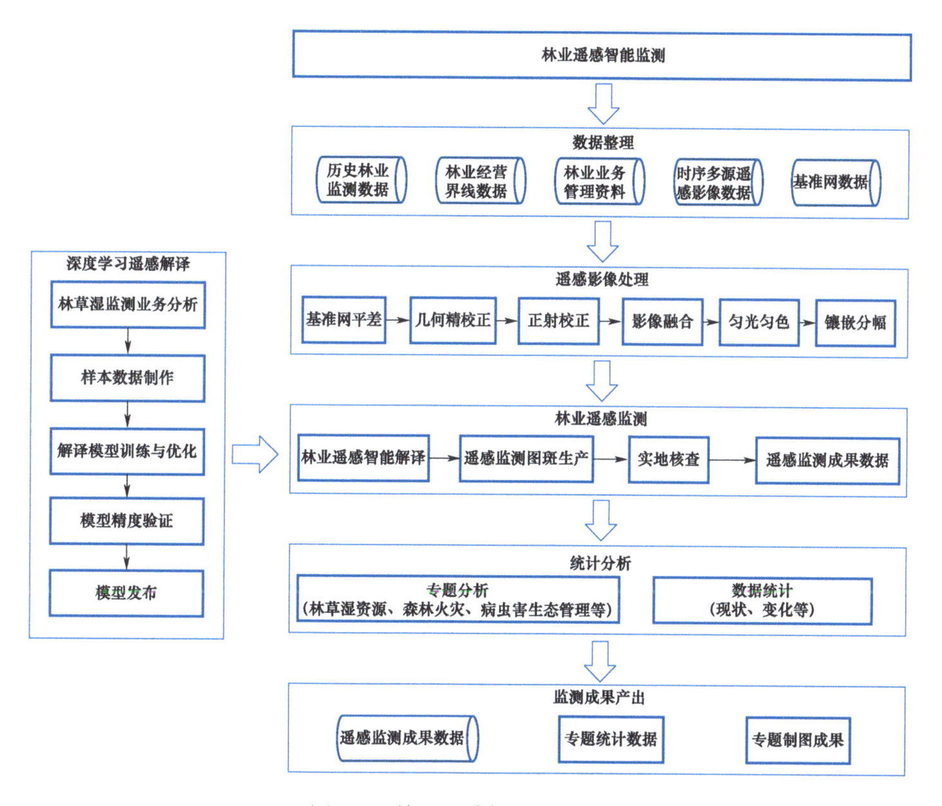


图 5-1　林业遥感智能监测流程

① 数据整理：按照监测需求，收集整理监测区域的历史林业监测数据、林业经营界线数据、林业业务管理资料、时序多源高分辨率遥感影像数据和基准网数据。

其中，影像数据按监测内容选择合适的时间和空间分辨率，图像中云、雾覆盖面积少于 5%，且不能覆盖在重点区域（林草湿等资源覆盖率高的地区）。

② 遥感影像处理：采用基于基准网的遥感影像处理技术，实现监测区域时序影像数据快速处理，主要包括：基准网平差、几何精校正、正射校正、影像融合、匀光匀色、镶嵌分幅等。

其中，平原地区几何精校正误差不超过 2 个像素，山地区域几何精校正误差不超过 5 个像素。

③ 深度学习遥感解译：采用深度学习技术方法，以林业监测需求为驱动，针对监测区开展智能解译场景分析，识别林业变化和特征提取的直接和间接解译标志，形成样本标注方案，指导林业变化和特征提取样本制作。选择适配的基础模型，以海量林业变化和特征提取样本为输入，开展模型训练与优化，获取稳定普适的智能解译模型，支撑林业遥感监测。

④ 林业遥感监测：以时序多源高分辨率遥感影像为输入，通过大数据、深度学习等先进方法，开展监测区内各监测要素自动解译；依据监测图斑进行内业交互判

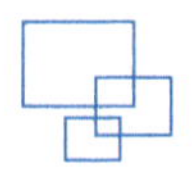



读，准确区划图斑的边界；结合收集的林业界线数据、建设项目用地、林木采伐、生态保护修复、森林火灾损失、病虫害监测数据等业务管理资料，判断监测图斑提取的准确性，更新图斑属性信息；对于内业无法准确判断或无法获取相关属性信息的监测图斑，则通过外业核查手段予以核实，并最终形成遥感监测成果数据。

⑤ 统计分析：基于林业遥感监测成果数据，开展专题分析和数据统计，针对林草湿资源、森林火灾、森林病虫害以及生态工程等开展现状和变化统计分析，产出专题统计分析数据和专题制图成果。

## 5.3 林地变化监测

### 5.3.1 监测区域与数据

本实例监测任务为林地变化，监测区域为广东省，前时相影像为2021年第1季度影像，后时相影像为2021年第4季度影像，影像分辨率为2m，在进行林地变化提取前均已进行影像快速纠正和镶嵌裁切等前期处理工作，数据源为GF1、GF1BCD、GF6以及ZY3等系列卫星，数据均为3波段、8位像素深度，林地范围数据来源于森林资源管理“一张图”（图5-2）。林地变化监测区域与数据情况见表5-1。

图5-2 林地变化遥感监测区域前时相影像（左）和后时相影像（右）

**表5-1 林地变化监测区域与数据信息表**

| 数据类型 | 监测区域 | 数据源 | 时相 | 分辨率 |
|---|---|---|---|---|
| 前期影像 | 广东省 | GF1、GF1BCD、GF6以及ZY3 | 2021年第1季度 | 2m |
| 后期影像 | 广东省 | GF1、GF1BCD、GF6以及ZY3 | 2021年第4季度 | 2m |
| 林地范围 | 广东省 | 森林资源管理“一张图” | 2021年 | / |

## 5.3.2 监测任务分析

围绕林地变化遥感监测业务需求，结合时序多源遥感影像和林地分布范围数据，分析智能解译监测内容，制定详细监测方案，明确林地变化类别及其描述，定制深度学习解译模型，标注样本和训练模型，辅以人机交互和分析评估，实现大范围、快速的林地变化监测。

典型林地变化主要包括以下几种变化类型。

① 减少。例如林地征占用、采伐等。表现形式为：前时相影像有植被覆盖，后时相影像有明显裸露迹地特征、坑塘特征或建设特征等；前时相影像有明显颗粒感且植被覆盖度高的特征，后时相影像有植被覆盖度降低的特征等。

② 增加。新增人工造林、幼林变成林等。表现形式为：前时相影像有明显建设特征、坑塘特征或裸露特征，后时相影像有植被覆盖等；前时相影像有明显颗粒感且植被覆盖度不高的特征，后时相影像有植被覆盖度增高的特征等。

③ 无变化。前、后时相影像因季节导致的明显差异，或因存在飞机、云阴影或山体阴影情况导致的差异，可认为无变化。

## 5.3.3 解译模型定制

### 5.3.3.1 模型定制技术流程

林地变化解译模型定制技术流程包括：林地变化监测业务分析、监测方案制定、影像数据准备、变化样本标注、瓦片裁切、模型训练迭代、模型精度验证和模型发布等步骤，如图 5-3 所示。

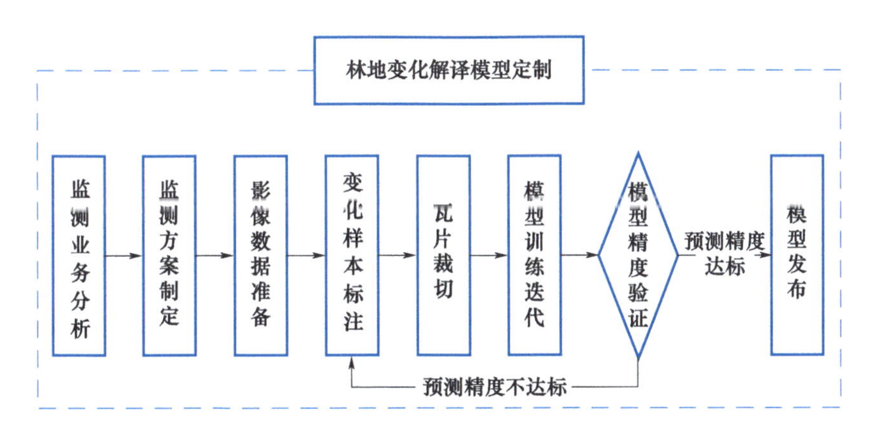


图 5-3　林地变化解译模型定制技术流程

#### 5.3.3.2 基础模型概况

智能训练系统适配 TensorFlow、Keras 等开源训练框架，可集成各类算法开展模型训练迭代。针对林地变化类型的多样性，采用基于 FCN 的循环卷积网络，设计面向林地的变化检测基础模型用于训练迭代，模型概况见表 5-2。

表 5-2 林地变化基础模型

| 训练框架及版本 | 模型名称 | 模型类型 | 要素类别 | 主干网络 | 算法说明 |
|---|---|---|---|---|---|
| Keras2.2.4+<br>TensorFlow1.15 | ch6f6v3l-avg4m-<br>gdldbh | 变化检测 | 多类 | EfficientNetV2-M | 自定义解码 |

#### 5.3.3.3 样本标注与瓦片裁切

广东省地域辽阔，区域人文地理差异较大，地貌类型复杂多样，总体地势北高南低，北部多为山地和高丘陵，南部则为平原和台地。要训练出适合的林地变化提取模型，样本制作需考虑区域差异，样本分布需均匀且涵盖所有林地变化类型，样本标注区域应保证无错漏，样本边界误差不超过 3 个像素。典型林地变化样本实例见表 5-3。

表 5-3 典型林地变化样本

| 前时相影像 | 后时相影像 | 变化样本标注 |
|---|---|---|
|  |  |  |
|  |  |  |

（续）

本例采用像素级变化检测模型，并用多边形矢量标注目标的外边界，标注区域包含各类林地变化区域。标注后的矢量经过栅格化后获取 0/1 二值化标签，1 为变化目标，0 为背景。考虑到一些区域林地变化目标面积较大，将影像和二值化标签裁剪成 1024×1024 像素的瓦片作为深度学习训练输入。林地变化部分样本瓦片如图 5-4所示。

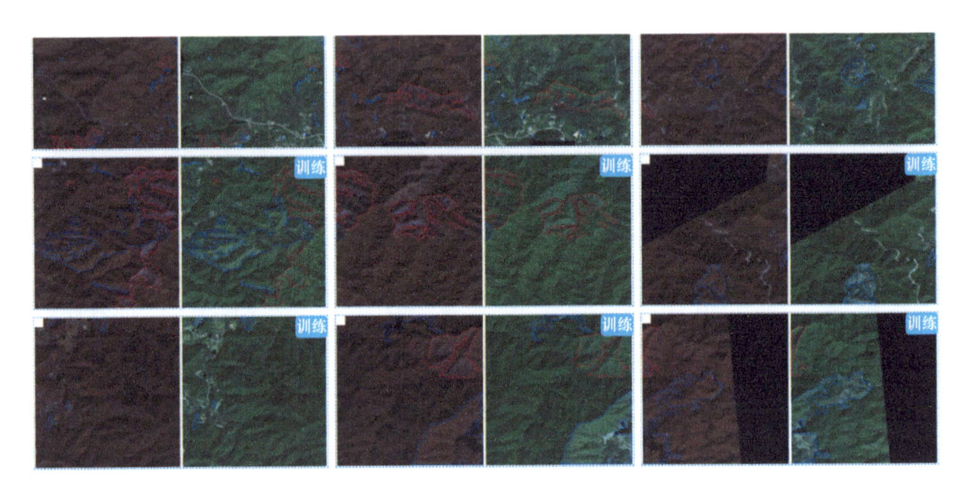


图 5-4　林地变化部分样本瓦片

#### 5.3.3.4　模型训练迭代

利用制作的第一批样本，基于通用深度学习训练框架（TensorFlow/Keras/Pytorch）及基础模型，选择合适的初始模型进行林地变化解译模型的预训练。预训练过程会通过参数调整，进行多个阶段的训练，以达到最优的预训练效果。利用测试集数据基于预训练模型进行林地变化提取，对预训练模型进行测试与分析，分析预训练模型的主要误提取类型和漏提取类型，根据分析结果，有针对性地补充相应的正负样本，对预训练模型进行调优训练。通过预训练和迭代训练，可视化分析模型训练趋势与精度，调节样本数据或训练参数，使模型的预测应用结果达到相应场景下的精度要求。

#### 5.3.3.5　模型封装发布

使用验证瓦片集数据进行精度统计分析，满足预期精度要求后，使用训练系统模型封装发布功能，发布最终模型，用于林地变化自动解译。

### 5.3.4　监测结果评价

#### 5.3.4.1　精度评价方法

（1）精度评价指标

① 精确率

$$P=TP/(TP+FP)$$

式中：$TP$——正确提取的林地变化图斑数量；

$FP$——误提取的林地变化图斑数量。

② 召回率

$$R=TP/(TP+FN)$$

式中：$TP$——正确提取的林地变化图斑数量；

$FN$——未提取的林地变化图斑数据，即漏检图斑的数量。

③ 边界精确率

以自动提取图斑与真值图斑边界的重合度来衡量图斑自动提取的边界精确度。其计算公式如下：

$$BT = TB/\mathrm{TP}$$

式中：$BP$——边界精确率（boundry precision）；

$TB$——自动提取的变化图斑边界满足业务要求的图斑数量；

$TP$——自动提取的正确变化图斑数量。

由于影像自身原因及不同业务的复杂程度不同，自动提取图斑与真值图斑边界重合度判断标准没有严格的衡量指标，一般以经验判断为主，原则上二者不超过 5 个像素。

（2）精度评价方案

由于监测范围大，自动提取的林地变化图斑数量较多，现地核验工作量大，林地变化自动提取效果和精度采用抽样和目视判读的方式进行定量评价，即在广东省范围内随机挑选 4 个县区目视判读后将其结果作为真值对自动提取的林地变化图斑进行精度验证，以精确率和召回率作为精度评价指标。

在抽检过程中，先对一个抽样区的自动提取变化图斑与人工作业图斑进行叠加对比分析，再对不一致图斑进行人工交互检查，区分其是真实、疑似或误提，最后得到该抽样区的自动提取图斑正确率。待所有抽样区检查完毕后，取平均精确率和召回率作为本次变化图斑自动提取的精确率和召回率。

#### 5.3.4.2 精度评价

本实例抽样内共自动提取林地变化图斑 7520 个，人工目视解译真值图斑 7488 个，正确预测的林地变化图斑 6534 个，自动提取平均精确率为 86.9%，平均召回率为 87.3%，见表 5-4。

表 5-4 林地变化提取结果统计表

| 抽样 | 自动提取图斑数量/个 | 人工真值图斑数量/个 | 正确预测图斑数量/个 | 精确率 | 召回率 |
|---|---|---|---|---|---|
| 县区 1 | 2245 | 2285 | 1989 | 88.6% | 87.0% |
| 县区 2 | 1589 | 1518 | 1317 | 82.9% | 86.8% |
| 县区 3 | 1989 | 1987 | 1756 | 88.3% | 88.4% |
| 县区 4 | 1697 | 1698 | 1472 | 86.7% | 86.7% |
| 总计 | 7520 | 7488 | 6534 | 86.9% | 87.3% |

典型林地变化图斑提取效果，见表 5-5。

**表 5-5　典型林地变化图斑提取效果**

| 前时相影像 | 后时相影像 | 变化图斑提取 |
|---|---|---|
| | | |
| | | |
| | | |
| | | |
| | | |

（续）

| 前时相影像 | 后时相影像 | 变化图斑提取 |
| --- | --- | --- |
|  |  |  |
|  |  |  |
|  |  |  |
| 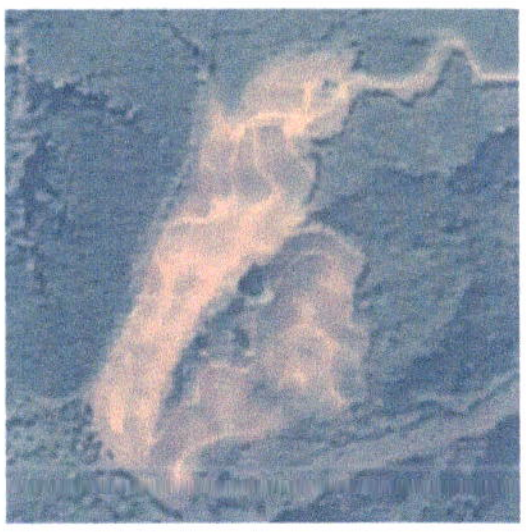 | 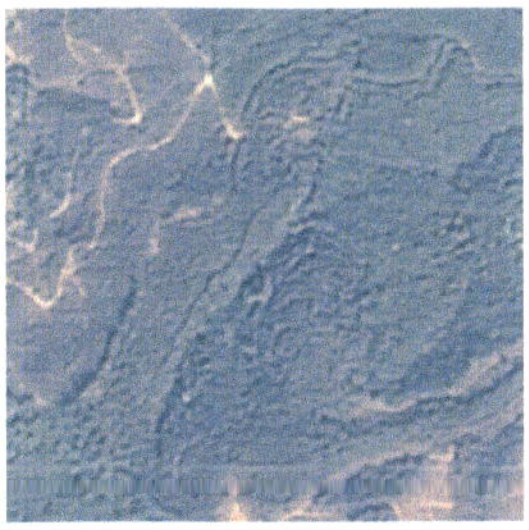 | 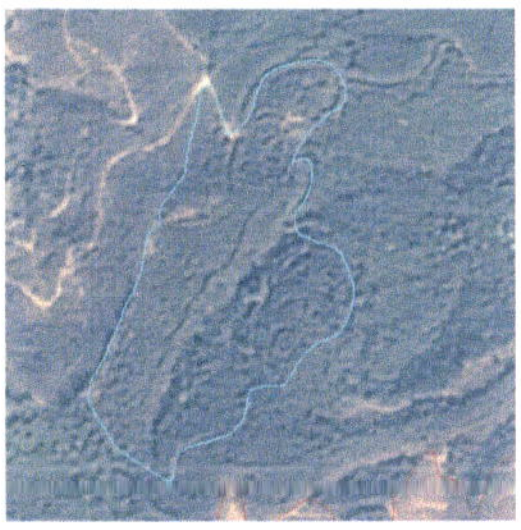 |
|  |  |  |

#### 5.3.4.3 误差分析

(1) 准确性分析

误提取主要来自：一是部分影像存在小面积的云覆盖、山体阴影以及飞机现象，造成误提取；二是因采伐道两侧的树木生长遮挡道路，导致误提取；三是因季节变化导致植被色彩、纹理变化，产生误提取等（图 5-5）。

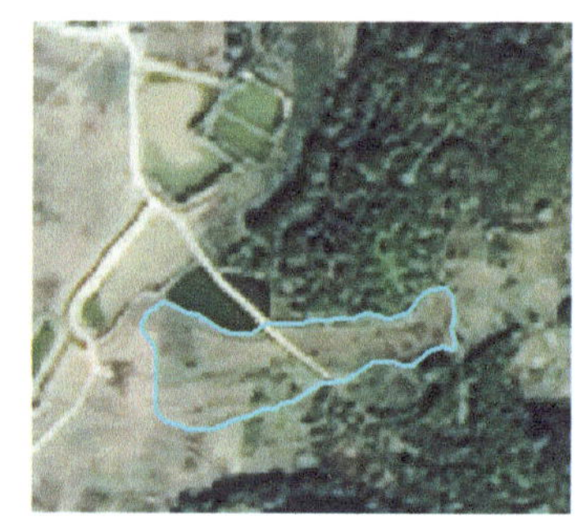

(a) 云覆盖导致误提取

(b) 飞机导致误提取

(c) 山体阴影导致误提取

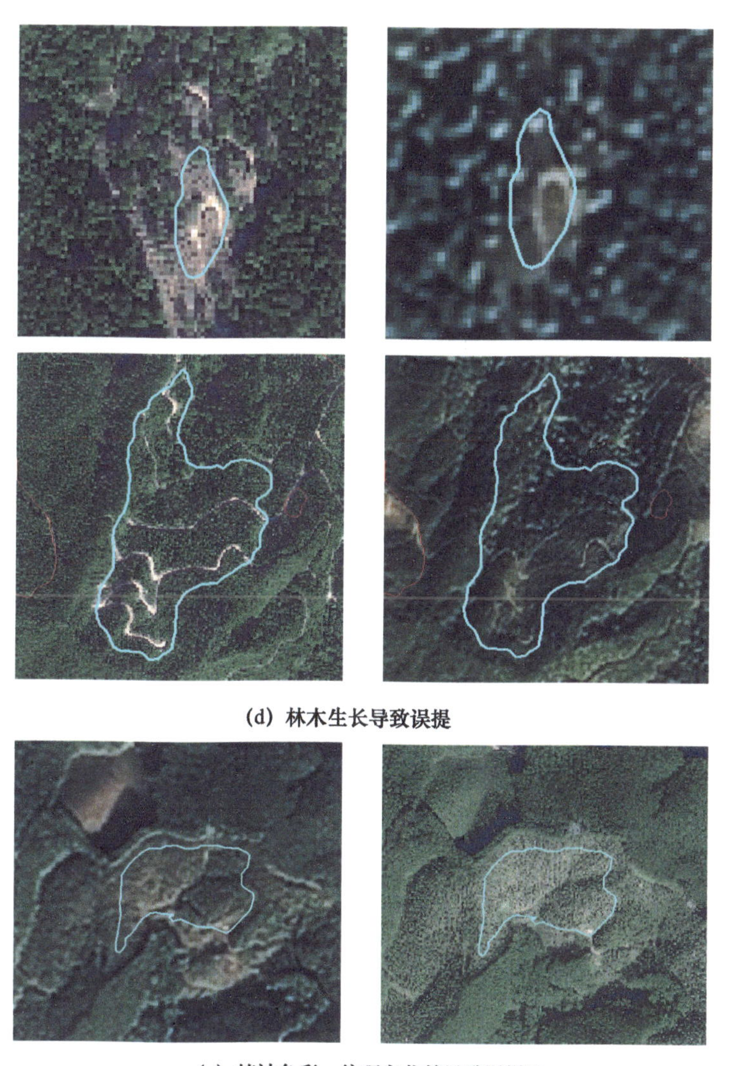

(d) 林木生长导致误提

(e) 植被色彩、纹理变化等导致误提取

图 5-5 误提取部分示例图（左为前时相，右为后时相）

（2）漏提取误差分析

最典型的漏提取现象是前时相影像有颗粒感且植被覆盖率较低，后时相影像为裸地；或前时相期影像为裸地，后时相影像有颗粒感且植被覆盖率较低（图 5-6）。

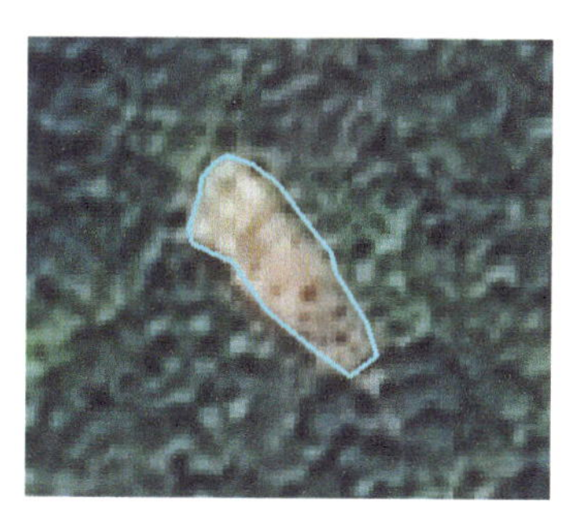

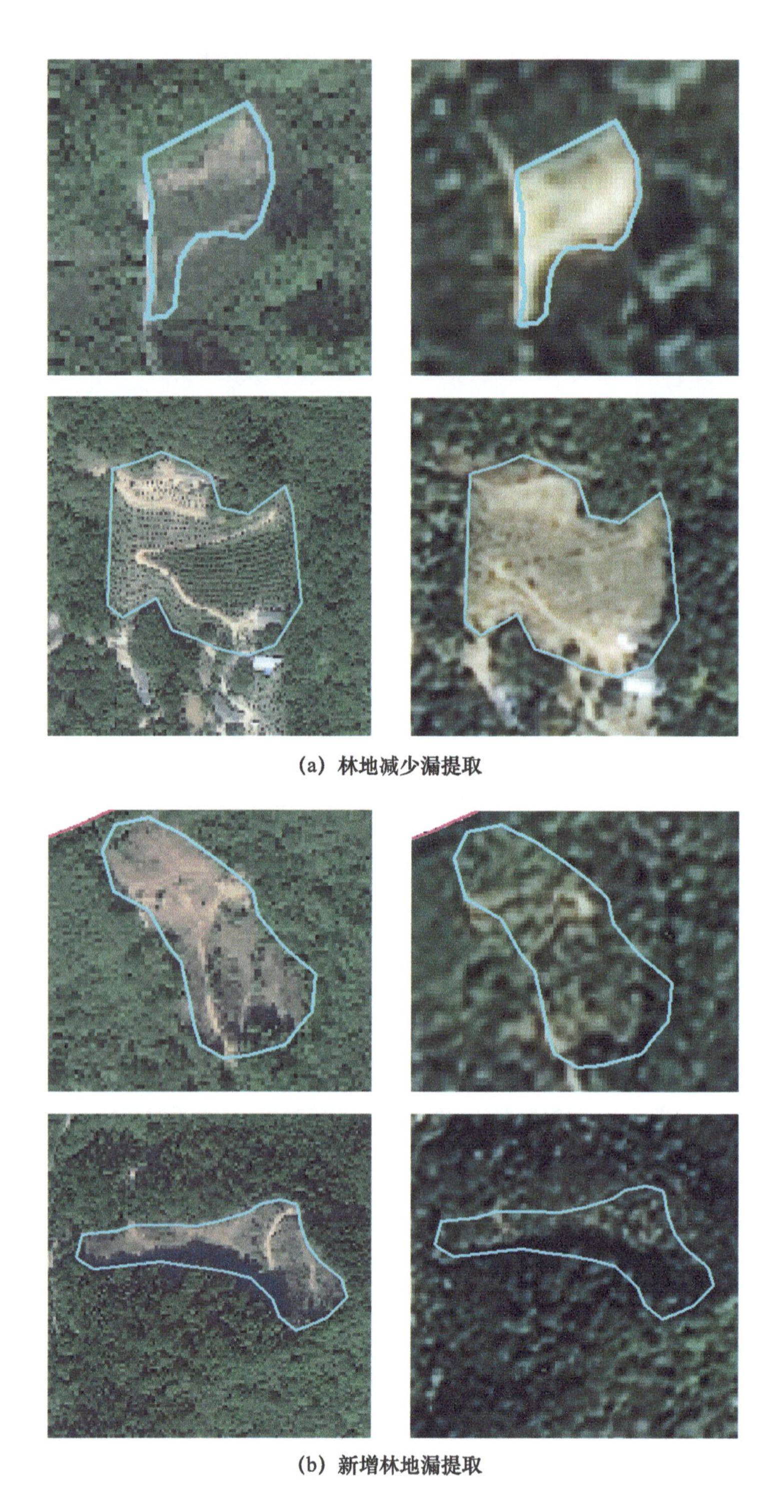
(a) 林地减少漏提取

(b) 新增林地漏提取

图 5-6 漏提取部分示例图（左为前时相，右为后时相）

（3）边界误差分析

图斑边界误差多发于变化较为复杂的区域，如同一区域林地增加、减少情况均存在（图 5-7）。

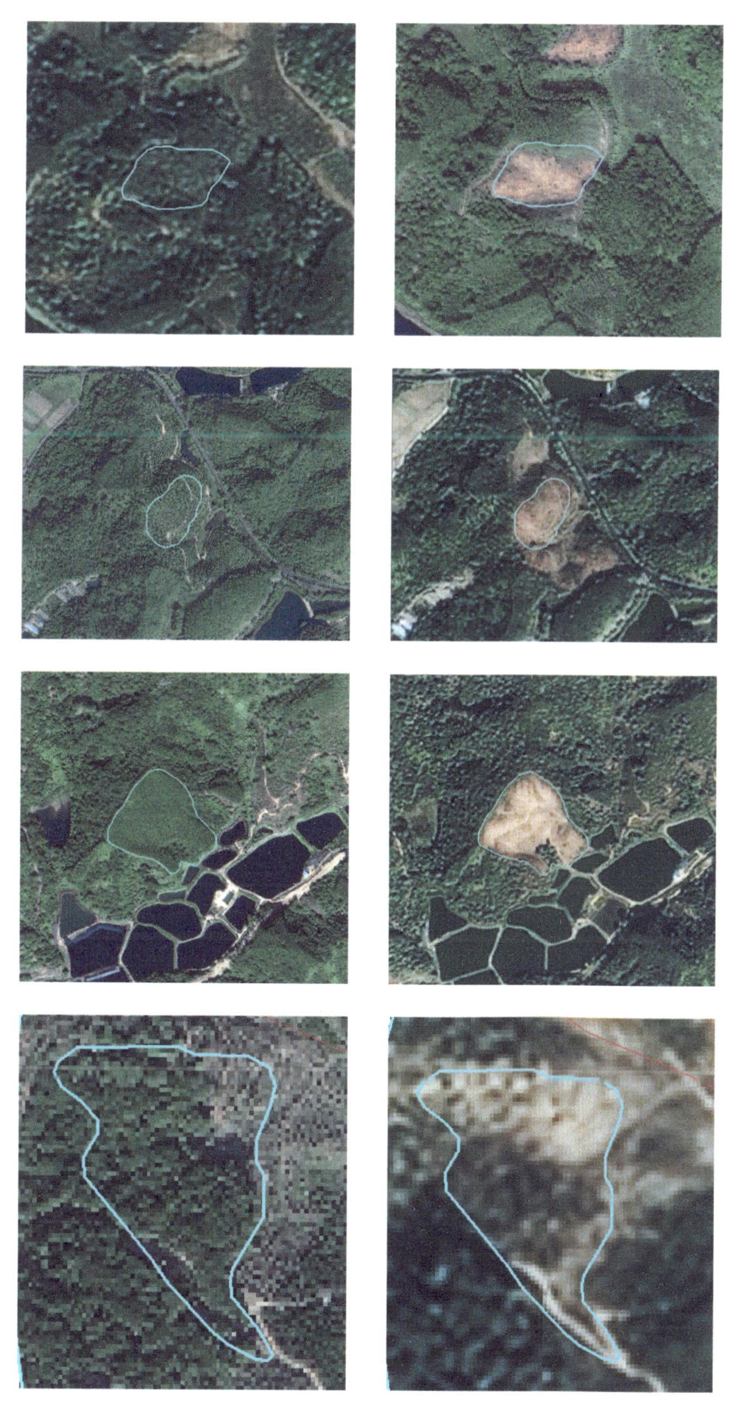

图 5-7　边界不精确部分示例图（左为前时相，右为后时相）

### 5.3.5 监测效率统计

广东省林地变化自动提取耗时 32h；抽样目视解译耗时约 24h/区县，共计 96h，具体监测效率见表 5-6。

**表 5-6 林地变化监测效率统计**

| 监测方法 | 处理方式 | 处理范围 | 效率 |
|---|---|---|---|
| 智能监测 | 自动提取 | 广东省 | 32h |
| 传统监测 | 人工目视解译 | 4 个区县 | 24h/区县、共 96h |

## 5.4 松材线虫病监测

### 5.4.1 监测区域与数据

本实例监测任务为松材线虫病，卫片监测区域为韶关市，航片监测区域为韶关市某森林公园。

卫片数据为 2021 年 8—12 月的 0.5m 分辨卫星影像，数据源为高景一号、WorldView-3、BJ3 等卫星，在松材线虫病疫木提取前均已进行了影像快速纠正和镶嵌裁切等前期影像处理工作，数据为 3 波段、8 位像素深度。

航片数据为 2021 年 10 月 0.05m 分辨率航摄影像，面积约为 20km$^2$，在松材线虫病疫木提取前均已进行了空三加密、几何正射纠正等前期影像处理工作，数据为 4 波段、8 位像素深度（图 5-8）。松材线虫病监测区域与数据情况见表 5-7。

图 5-8 松材线虫病监测区域卫星影像（左）和航摄影像（右）

表 5-7　松材线虫病监测区域与数据信息表

| 数据类型 | 监测区域 | 数据源 | 时相 | 分辨率 |
| --- | --- | --- | --- | --- |
| 卫星影像 | 韶关市 | 高景一号、WorldView-3、BJ3 等 | 2021 年 8—12 月 | 0.5m |
| 航摄影像 | 韶关市某森林公园 | SONY _ CAM3000 | 2021 年 10 月 | 0.05m |

## 5.4.2　监测任务分析

围绕松材线虫病遥感监测业务需求，结合高分辨率卫星影像和航摄影像数据，分析智能解译监测内容，制定详细监测方案，明确松材线虫病疫木特征及其描述，定制深度学习解译模型，标注样本和训练模型，辅以人机交互和分析评估，实现大范围、快速的松材线虫病疫木监测。

松材线虫病被称为松树的“癌症”，松树感染此病后，从发病到死亡只要 2～3 月，最快的 40 天左右即可表现出枯死状（以下简称“变色松树”），3～5 年便可造成大面积毁林的恶性灾害。松树遭受松材线虫病后，不同树种间表现出一定的差异，但主要有两种表现形式：一是树木外部形态发生变化，如针叶褪色、枯萎；二是树木内部光合生理发生变化，如叶绿素含量和水分含量降低、光合作用和蒸腾作用下降。这些外部形态或内部光合生理变化导致森林光谱反射和辐射特征的变化，在遥感影像上表现为光谱值的变化。这种内外部变化和光谱值变化之间的关系构成了遥感影像进行变色松树监测的理论基础。

疫木的病害发展过程可分为 5 个阶段：第一阶段，外观正常，树脂分泌减少，蒸腾作用下降，这一阶段松树仍表现为绿色，健康松树和变色松树的光谱信号差异微弱；第二阶段，针叶开始变色，树脂分泌停止，松树上会出现红色松针和绿色松针混合的现象，且红色松针较少，若要实现精确的监测，需要较高空间分辨率和较高光谱分辨率的遥感影像；第三阶段，大部分针叶变为黄褐色、萎蔫，当受到感染的变色松树冠层直径较大，且被感染的变色松树较为集中时，变色松树监测能力明显提高；第四阶段，针叶全部变为黄褐色至红褐色，病树整株干枯死亡，但针叶不脱落；第五阶段针叶变为灰色，针叶脱落且变得稀疏。航片不同时期松材线虫病疫木样例见表 5-8，卫片松材线虫病疫木样例见表 5-9。

表 5-8　航片不同时期松材线虫病疫木样例

| 类别 | 表现 | 样例图 |
| --- | --- | --- |
| 刚发病 | 树木冠层变色明显，为黄绿色并夹杂粉红色 |  |

（续）

| 类别 | 表现 | 样例图 |
| --- | --- | --- |
| 病中 | 树木冠层表现为粉红色、红色和暗红色 | |
| 病死 | 树干为灰白色，可见明显的树杈 | |

**表 5-9　卫片松材线虫病疫木样例**

| 类别 | 表现 | 样例图 |
| --- | --- | --- |
| 病中 | 树木冠层表现为黄褐色、红色和暗红色 | |

## 5.4.3　解译模型定制

### 5.4.3.1　模型定制技术流程

基于卫片/航片的松材线虫病解译模型定制技术流程包括：松材线虫病监测业务分析、监测方案制定、影像数据准备、变化样本标注、瓦片裁切、模型训练迭代、模型精度验证和模型发布等步骤（图 5-9）。

### 5.4.3.2　基础模型概况

针对松材线虫病疫木提取，采用基于 FCN 的循环卷积网络，设计面向松材线虫病疫木的语义分割基础模型用于训练迭代，模型概况见表 5-10。

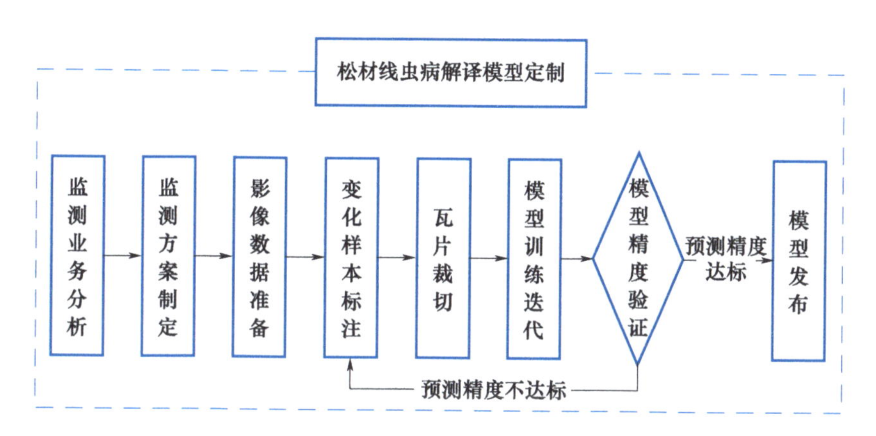


图 5-9　松材线虫病解译模型定制技术流程

**表 5-10　松材线虫病语义分割基础模型**

| 训练框架及版本 | 模型名称 | 模型类型 | 要素类别 | 主干网络 | 算法说明 |
| --- | --- | --- | --- | --- | --- |
| Pytorch1.7 | f5v3l-plus-gdbch-wp | 语义分割 | 单类 | EfficientNetV2-S | 自定义解码 |
| Pytorch1.7 | f5v3l-plus-gdbch-hp | 语义分割 | 单类 | EfficientNetV2-S | 自定义解码 |

### 5.4.3.3　样本标注与瓦片裁切

不同区域，病虫害发病情况也不相同，为训练出较为普适的松材线虫病疫木提取模型，样本标注需考虑区域差异，样本应覆盖不同类型的场景，包括病虫害场景和病虫害相似区域。

本例采用像素级信息提取模型，根据松材线虫病疫木在不同感病时期影像光谱值的变化选取样本并标注，标注后的矢量经过栅格化后获取 0/1 二值化标签，1 为疫木目标，0 为背景。

针对卫片数据样本标注，将影像和二值化标签裁剪为 512×512、768×768 像素的瓦片作为深度学习训练输入，卫片松材线虫病疫木样本瓦片如图 5-10所示。

图 5-10　卫片部分样本瓦片

针对航片数据样本标注，因影像分辨率高，且有一些成片疫木目标面积较大，将影像和二值化标签裁剪成1280×1280像素的瓦片作为深度学习训练输入，航片松材线虫病疫木样本瓦片如图5-11所示。

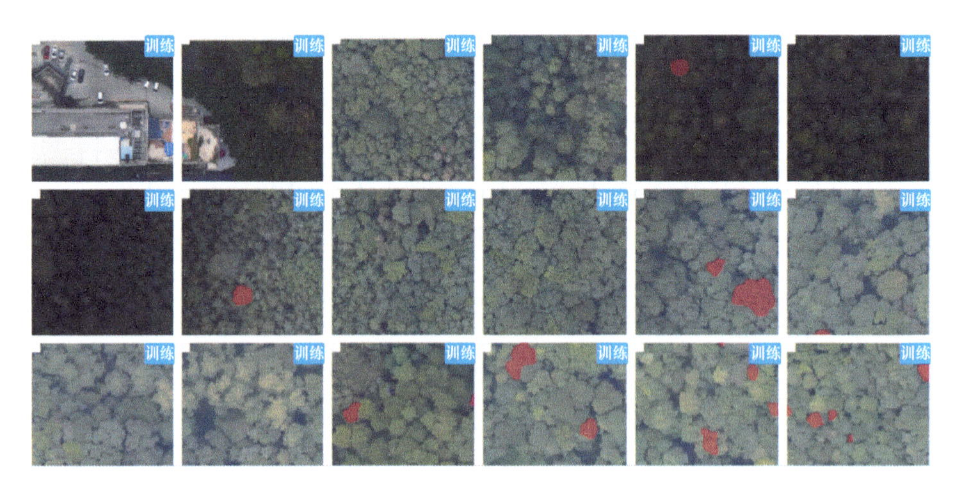


图5-11 航片部分样本瓦片

#### 5.4.3.4 模型训练迭代

利用制作的第一批样本，基于通用深度学习训练框架（Pytorch），选择合适的初始模型分别进行卫片和航片松材线虫病疫木解译模型的预训练。预训练过程会通过参数调整，进行多个阶段的训练，以达到最优的预训练效果。利用测试集数据基于预训练模型进行松材线虫病疫木提取，对预训练模型进行测试与分析，分析预训练模型的主要误提取类型和漏提取类型，根据分析结果，有针对性地补充相应的正负样本，对预训练模型进行调优训练。通过预训练和迭代训练，可视化分析模型训练趋势与精度，调节样本数据或训练参数，使模型的预测应用结果达到相应场景下的精度要求。

#### 5.4.3.5 模型封装发布

使用验证瓦片集数据进行精度统计分析，满足预期精度要求后，使用训练系统模型封装发布功能，发布最终模型，用于松材线虫病疫木自动解译。

### 5.4.4 监测结果评价

#### 5.4.4.1 精度评价方法

（1）精度评价指标

① 精确率

$$P=TP/(TP+FP)$$

式中：$TP$——正确提取的松材线虫疫木数目；

$FP$——误提取的松材线虫疫木数目。

② 召回率

$$R=TP/(TP+FN)$$

式中：$TP$——正确提取的松材线虫疫木数目；

$FN$——未提取的松材线虫疫木数目。

（2）精度评价方案

由于卫片/航片监测范围内自动提取的松材线虫病疫木图斑较多，现地核验工作量较大，松材线虫病疫木自动提取效果和精度采用抽样和目视判读的方法进行定量评价，即在卫片监测范围内随机挑选 6 个林场，在航片监测范围内生成 0.5km×0.5km 网格，随机挑选 4 个网格，目视判读后将其结果作为真值对自动提取的松材线虫病疫木图斑进行精度验证，以精确率和召回率作为精度评价指标。

#### 5.4.4.2 精度评价

卫片抽样区内共自动提取松材线虫病疫木图斑 15615 个，人工目视解译真值图斑 14742 个，正确预测的疫木图斑 13952 个，自动提取平均精确率为 89.3%，召回率为 94.6%，见表 5-11。

**表 5-11 卫片松材线虫病疫木提取精度统计表**

| 抽样 | 自动提取疫木图斑数量/个 | 人工真值疫木图斑数量/个 | 正确预测疫木图斑数量/个 | 精确率 | 召回率 |
|---|---|---|---|---|---|
| 林场 1 | 2736 | 2650 | 2554 | 93.3% | 96.4% |
| 林场 2 | 1086 | 1064 | 965 | 88.9% | 90.7% |
| 林场 3 | 2094 | 2036 | 1915 | 91.5% | 94.1% |
| 林场 4 | 2680 | 2620 | 2470 | 92.2% | 94.3% |
| 林场 5 | 3354 | 3168 | 3033 | 90.4% | 95.7% |
| 林场 6 | 3665 | 3204 | 3015 | 82.3% | 94.1% |
| 总计 | 15615 | 14742 | 13952 | 89.3% | 94.6% |

航片抽样区内共自动提取松材线虫病疫木图斑 1717 个，人工目视解译真值图斑 1677 个，正确预测的疫木图斑 1602 个，自动提取平均精确率为 93.3%，召回率为 95.5%，见表 5-12。

**表 5-12 航片松材线虫病疫木提取精度统计表**

| 抽样 | 自动提取疫木图斑数量/个 | 人工真值疫木图斑数量/个 | 正确预测疫木图斑数量/个 | 精确率 | 召回率 |
|---|---|---|---|---|---|
| 网格 1 | 566 | 556 | 532 | 94.0% | 95.7% |
| 网格 2 | 607 | 592 | 570 | 93.9% | 96.3% |
| 网格 3 | 396 | 379 | 360 | 90.9% | 95.0% |

（续）

| 抽样 | 自动提取疫木图斑数量/个 | 人工真值疫木图斑数量/个 | 正确预测疫木图斑数量/个 | 精确率 | 召回率 |
|---|---|---|---|---|---|
| 网格 4 | 148 | 150 | 140 | 94.6% | 93.3% |
| 总计 | 1717 | 1677 | 1602 | 93.3% | 95.5% |

卫片、航片典型松材线虫病疫木提取结果见表 5-13 和表 5-14。

**表 5-13　典型松材线虫病疫木卫片提取结果**

| 原始影像 | 疫木提取结果 |
|---|---|

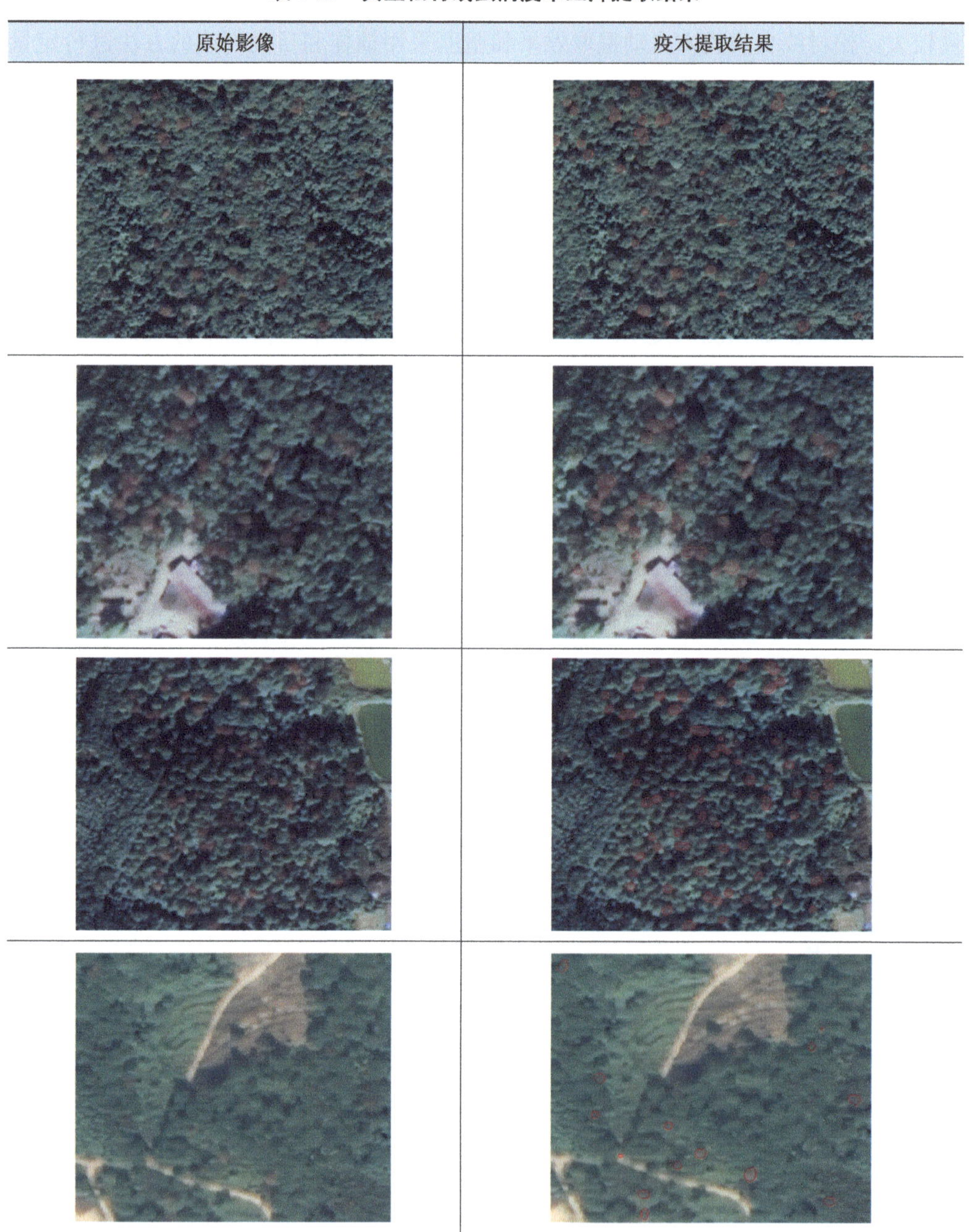

（续）

| 原始影像 | 疫木提取结果 |
|---|---|
| 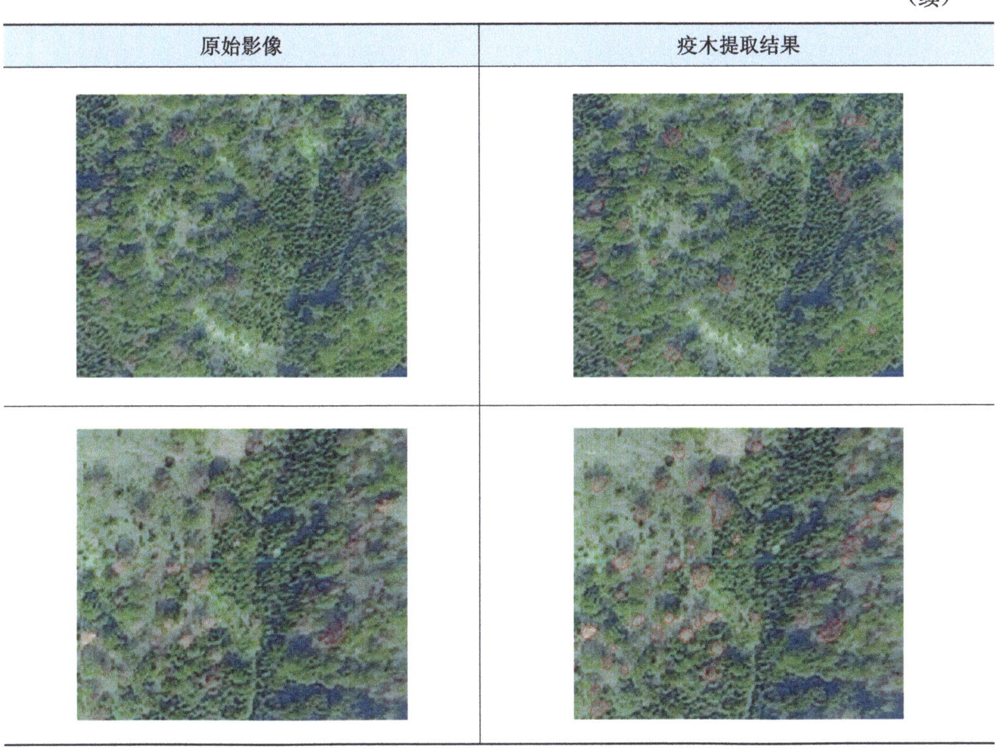 | |

**表 5-14　典型松材线虫病疫木航片提取结果**

| 原始影像 | 疫木提取结果 |
|---|---|
| 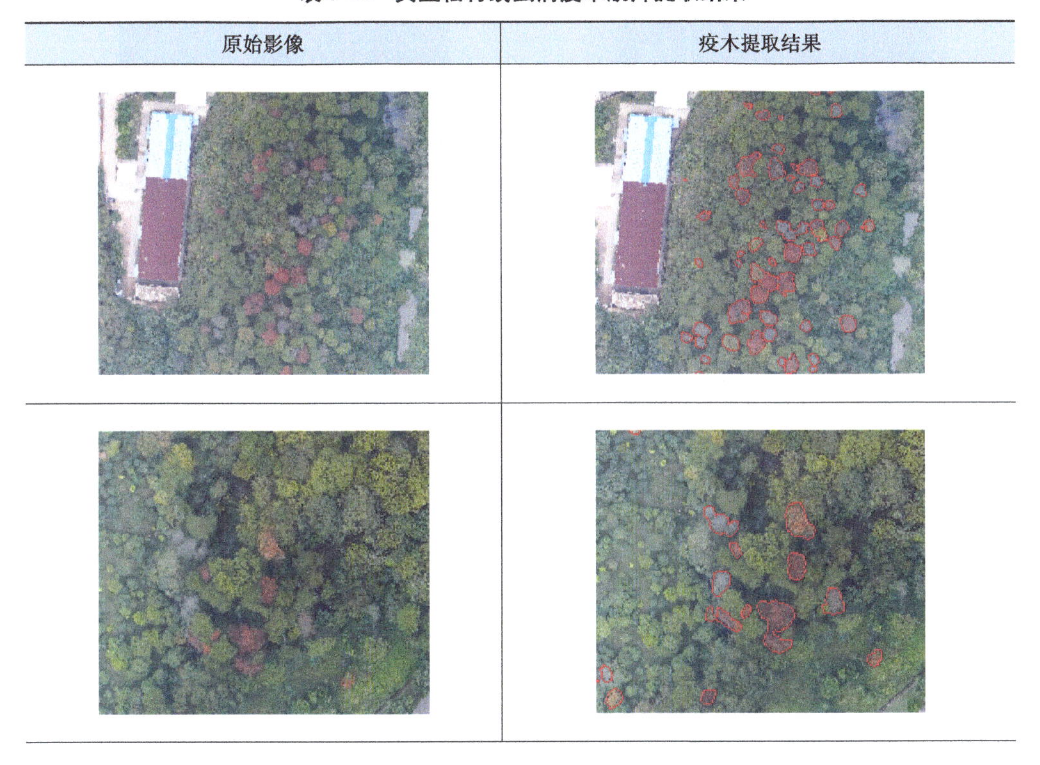 | |

（续）

| 原始影像 | 疫木提取结果 |
|---|---|

#### 5.4.4.3　误差分析

（1）卫片准确性分析

精度验证结果表明，不同区域卫片数据提取精度差异性较大，部分区域提取精度较差主要是因为林地范围内的小块裸地在影像上的表现特征与疫木特征较为相似，导致较多误提取。此外，也存在一些因复杂自然条件导致的误提取，如一些开花灌木的影像表现特征与病虫害疫木的影像特征高度相似，还有枯死木或秋天落叶林的影像表现特征与疫木影像特征也高度相似。

（2）卫片漏提取分析

卫片漏提取主要来自：一是部分地区松材线虫病疫木的表现特征存在特异性，但样本采集过程中未采集到，导致漏提取；二是发病前期或早期树木变色不是特别明显，或是变色疫木树冠较小且有遮挡的，存在漏提取；三是 0.5m 影像数据资源有限，有因影像色彩、卫片拍摄时间、影像质量等导致漏提取。

（3）航片准确性分析

精度验证结果表明航片松材线虫病疫木提取模型精度较高，产生误提取的主要原因是大型灌木枯死、开花灌木、小块裸地等表现出的影像特征与发病期的松树影像特征极为相似，容易产生误提取。

（4）航片漏提取分析

航片漏提取主要是刚开始发病以及发病初期的树木影像特征变化不明显导致。

### 5.4.5 监测效率统计

韶关市卫片松材线虫病疫木自动提取耗时 19.9h，抽样目视解译耗时约 12h/林场，共计 72h；韶关市某森林公园航片松材线虫病疫木自动提取耗时 0.4h，抽样目视解译耗时约 1h/网格，共计 4h，具体监测效率见表 5-15。

**表 5-15 病虫害监测效率统计**

| 监测类型 | 监测方法 | 处理方式 | 处理范围 | 效率 |
|---|---|---|---|---|
| 卫片监测 | 智能监测 | 自动提取 | 韶关市 | 19.9h |
| | 传统监测 | 人工目视解译 | 6 个林场 | 12h/林场，共 72h |
| 航片监测 | 智能监测 | 自动提取 | 韶关市某森林公园 | 0.4h |
| | 传统监测 | 人工目视解译 | 4 个网格 | 1h/网格，共 4h |

## 5.5 乡村绿化状况监测

### 5.5.1 监测区域与数据

本实例监测任务为乡村绿化状况，监测区域为广东省内 30 个乡镇的 120 个村。遥感数据为 2020 年 0.5m 分辨率卫星影像，共 45 景，数据源为高景一号、WorldView-3 等卫星，在进行乡村绿地提取前均已进行了影像快速纠正等前期影像处理工作，数据均为3波段、8位像素深度（图5-12）。乡村绿化状况监测区域与数据情况见表5-16和表5-17。

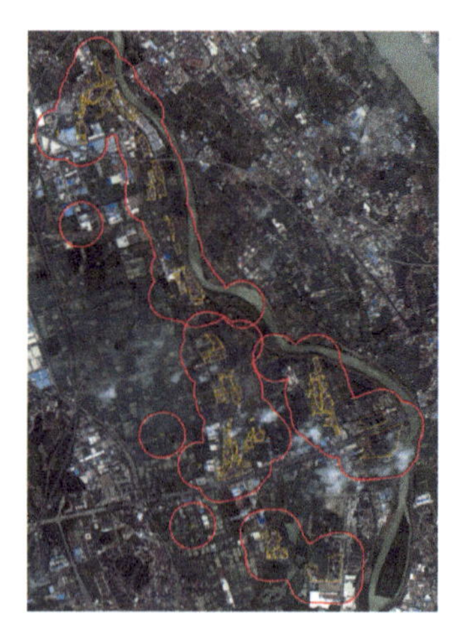

图5-12 乡村绿化状况部分监测区域（黄色为村庄边界，红色为监测边界）

**表5-16 乡村绿化状况监测区域**

| 序号 | 区域 | 村庄名 |
|---|---|---|
| 1 | 云浮市郁南县河口镇 | 甘罗村、龙溪村、竹头围村 |
| 2 | 佛山市南海区丹灶镇 | 荷村、劳边村、沙滘社区、下滘村、仙岗社区、中安村、建设社区 |
| 3 | 梅州市丰顺县丰良镇 | 成东村、丰京村、仙洞村 |
| 4 | 湛江市廉江市横山镇 | 龙角塘村、西山村、苏干山村、谭福村、央村 |
| 5 | 河源市龙川县田心镇 | 甘陂村、上扬村、松林村、下reg村 |
| 6 | 茂名市茂南区公馆镇 | 东华岭村、荔枝塘村、下垌村、坡头村、十万七村、周坑村、书房岭 |
| 7 | 惠州市博罗县柏塘镇 | 柏塘社区、古洞村、禾水村、黄新村、上田埔村、下洞村、洋景村 |
| 8 | 东莞市茶山镇 | 超朗村、冲美村、横江村、南社村 |
| 9 | 东莞市望牛墩镇 | 石排村、上合村、洲涡村、福安村、杜屋村、扶涌村、官桥涌村 |
| 10 | 东莞市樟木头镇 | 裕丰社区、樟洋社区 |
| 11 | 广州市南沙区横沥镇 | 七一村、太阳升村 |
| 12 | 广州市增城区仙村镇 | 蓝山村、下境村、十字窖村、岳湖村、西南村 |
| 13 | 广州市增城区小楼镇 | 西境村 |
| 14 | 广州市从化区太平镇 | 钱岗村、水南村、屈洞村、高田村、湖田村、元洲岗村 |
| 15 | 广州市从化区温泉镇 | 龙桥村、宣星村、新田村 |
| 16 | 江门市恩平市圣堂镇 | 根竹头村、圣堂镇社区、水塘村 |
| 17 | 江门市新会区崖门镇 | 田边村、京背村 |
| 18 | 揭阳市揭西县五云镇 | 崇坑村、岭新村、罗洛村、石陂村、汤輋村、新圩村 |
| 19 | 清远市清新区太平镇 | 太平村、田庄村、杏塘村 |
| 20 | 汕头市潮南区红场镇 | 金埔村、峰厝村、林招村、苏明村、高桂村、四溪村、白坟村、伍田村、大陂村、虎空村、巫字村 |

（续）

| 序号 | 区域 | 村庄名 |
| --- | --- | --- |
| 21 | 汕尾市海丰县联安镇 | 联新村、坡平村、坐头村、友爱村 |
| 22 | 韶关市翁源县铁龙镇 | 龙集村 |
| 23 | 肇庆市怀集县闸岗镇 | 郊际村、龙山村 |
| 24 | 肇庆市高要区小湘镇 | 爱村村、大塘村、桔材村、孔湾村、脉源村、笋围村 |
| 25 | 肇庆市高要区乐城镇 | 领村、罗带村、圩镇村、银村 |
| 26 | 中山市板芙镇 | 禄围村 |
| 27 | 中山市小榄镇 | 东区社区、绩东一社区 |
| 28 | 中山市神湾镇 | 神溪村、竹排村 |
| 29 | 中山市南朗镇 | 冲口村、横门社区、南朗村、崖口村、左步村 |
| 30 | 中山市港口镇 | 群众社区、胜隆社区 |

**表 5-17　乡村绿化状况监测区域和数据信息表**

| 数据类型 | 监测区域 | 数据源 | 时相 | 分辨率 |
| --- | --- | --- | --- | --- |
| 卫星影像 | 30 个乡镇 120 个村（45 景影像） | 高景一号、WorldView-3 等 | 2020 年 | 0.5m |
| 乡村范围 | 村庄边界及其 300m 缓冲区 | 行政区划界线 | 2020 年 | / |

## 5.5.2　监测任务分析

围绕乡村绿化状况业务需求，结合 0.5m 高分辨率卫星影像数据，分析智能解译监测内容，制定详细监测方案，明确乡村绿化特征及其描述，定制深度学习解译模型，标注样本和训练模型，辅以人机交互和分析评估，实现大范围、快速的乡村绿化监测。

乡村绿化主要包括村庄内部绿化和村庄周边绿化。

村庄内部绿化范围包括村庄居住区内部道路、庭院、边角地、空闲地、撂荒地、拆违地、公共活动场所、小微公园、公共绿地等种植乔木、灌木、花草等区域。

村庄周边绿化范围包括村庄居住区周边 300m 范围内营造的各类乔木、灌木、花草等连片森林、林带、四旁树、乡村公园、公共绿地等区域。

## 5.5.3　解译模型定制

### 5.5.3.1　模型定制技术流程

乡村绿化状况监测解译模型定制技术流程包括：乡村绿化监测业务分析、监测方案制定、影像数据准备、变化样本标注、瓦片裁切、模型训练迭代、模型精度验证和模型发布等步骤（图 5-13）。

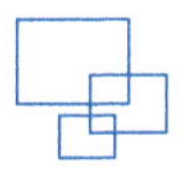

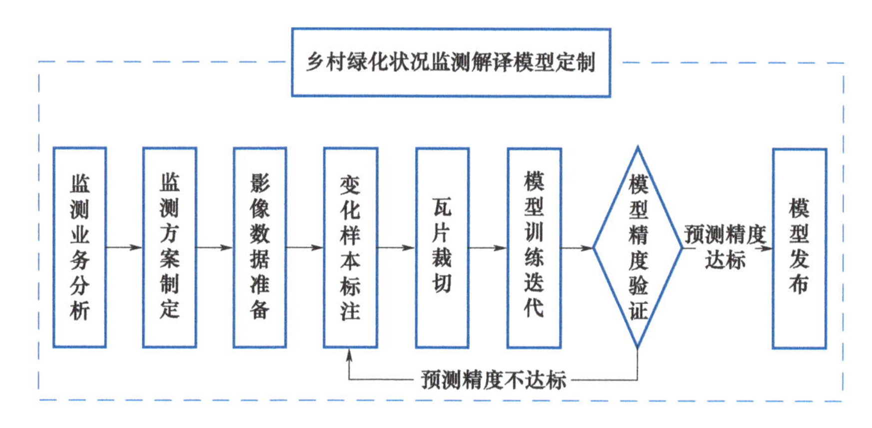


图 5-13　乡村绿化解译模型定制技术流程

#### 5.5.3.2　基础模型概况

针对乡村绿化提取，采用基于 FCN 的循环卷积网络，设计面向乡村绿化的语义分割基础模型用于训练迭代，模型概况见表 5-18。

表 5-18　乡村绿化语义分割基础模型

| 训练框架及版本 | 模型名称 | 模型类型 | 要素类别 | 主干网络 | 算法说明 |
| --- | --- | --- | --- | --- | --- |
| Keras2.2.4+TensorFlow1.15 | e3v3l-plus-gdxcld | 语义分割 | 单类 | EfficientNetV2-S | 自定义解码 |

#### 5.5.3.3　样本标注与瓦片裁切

监测区域分散，村庄地理差异较大，可分为山区村、半山区村以及平原村。为训练出普适的乡村绿地提取模型，样本制作需考虑不同村庄的差异，样本应覆盖不同类型村庄、不同特征绿地场景。

乡村绿化标注区域包含各类乡村绿地，如乔木、灌木、花草等。标注边界精度要求优于 3 像素。标注后的矢量经过栅格化后获取 0/1 二值化标签，1 为乡村绿化目标，0 为背景。考虑到一些区域乡村绿化面积较大，将影像和二值化标签裁剪成 1024×1024 像素的瓦片作为深度学习训练输入，乡村绿化样本瓦片如图 5-14 所示。

#### 5.5.3.4　模型训练迭代

利用制作的第一批样本，基于通用深度学习训练框架（Keras/TensorFlow），选择合适的初始模型进行乡村绿化解译模型的预训练。预训练过程会通过参数调整，进行多个阶段的训练，以达到最优的预训练效果。利用测试集数据基于预训练模型进行乡村绿化提取，对预训练模型进行测试与分析，分析预训练模型的主要误提取类型和漏提取类型，根据分析结果，有针对性地补充相应的正负样本，对预训练模型进行调优训练。通过预训练和迭代训练，可视化分析模型训练趋势与精度，调节样本数据或训练参数，使模型的预测应用结果达到相应场景下的精度要求。

图 5-14　乡村绿化部分样本瓦片

#### 5.5.3.5　模型封装发布

使用验证瓦片集数据进行精度统计分析，满足预期精度要求后，使用训练系统模型封装发布功能，发布最终模型，用于乡村绿化自动解译。

### 5.5.4　监测结果评价

#### 5.5.4.1　精度评价方法

(1) 精度评价指标

① 精确率

$$P = TP/(TP + FP)$$

式中：$TP$——正确提取的乡村绿化图斑数量；

$FP$——误提取的乡村绿化图斑数量。

② 召回率

$$R = TP/(TP + FN)$$

式中：$TP$——正确提取的乡村绿化图斑数量；

$FN$——未提取的乡村绿化图斑数量。

(2) 精度评价方案

由于监测范围内村庄数量多，自动提取的乡村绿地图斑较多，现地核验工作量大，乡村绿地自动提取效果和精度采用抽样和目视解译的方法进行定量评价，即在监测范围内随机挑选 10 个乡镇的 26 个村（图 5-15），目视解译后将其结果作为真值对自动提取的乡村绿地图斑进行精度验证，以精确率和召回率作为精度评价指标。

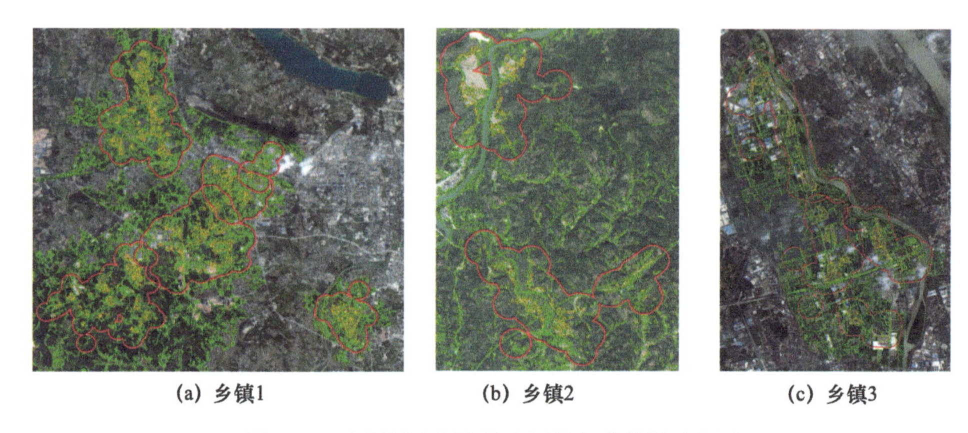

(a) 乡镇1　(b) 乡镇2　(c) 乡镇3

图 5-15　乡村绿地提取精度评价部分抽样示意图

#### 5.5.4.2　精度评价

抽样区内共自动提取乡村绿地图斑 18298 个（图 5-16），人工目视解译真值 17154 个，正确预测的乡村绿地图斑 16415 个，自动提取平均精确率为 89.7%，召回率为 95.7%，见表 5-19。

图 5-16　某村庄乡村绿化提取结果

**表 5-19　乡村绿化提取精度统计表**

| 抽样 | 自动提取图斑数量/个 | 人工真值图斑数量/个 | 正确预测图斑数量/个 | 精确率 | 召回率 |
|---|---|---|---|---|---|
| 乡镇 1 | 5513 | 5245 | 4954 | 89.9% | 94.5% |
| 乡镇 2 | 582 | 507 | 482 | 82.8% | 95.1% |

（续）

| 抽样 | 自动提取图斑数量/个 | 人工真值图斑数量/个 | 正确预测图斑数量/个 | 精确率 | 召回率 |
|---|---|---|---|---|---|
| 乡镇 3 | 2210 | 1993 | 1889 | 85.5% | 94.8% |
| 乡镇 4 | 3305 | 3136 | 3042 | 92.0% | 97.0% |
| 乡镇 5 | 1725 | 1627 | 1598 | 92.6% | 98.2% |
| 乡镇 6 | 1899 | 1784 | 1708 | 89.9% | 95.7% |
| 乡镇 7 | 327 | 277 | 267 | 81.7% | 96.4% |
| 乡镇 8 | 474 | 449 | 423 | 89.2% | 94.2% |
| 乡镇 9 | 1120 | 1046 | 1007 | 89.9% | 96.3% |
| 乡镇 10 | 1143 | 1090 | 1045 | 91.4% | 95.9% |
| 总计 | 18298 | 17154 | 16415 | 89.7% | 95.7% |

乡村绿化提取局部效果见表 5-20。

**表 5-20　乡村绿化提取图斑局部效果**

| 原始影像 | 乡村绿化提取图斑 |
|---|---|

（续）

| 原始影像 | 乡村绿化提取图斑 |
| --- | --- |

#### 5.5.4.3 误差分析

（1）准确性分析

误提取主要来自：一是部分影像存在色彩较暗等现象，造成误提取；二是模型提取边界精度与人工勾绘存在一定差异，如不明显或太小的树木提取难以保证边界精度；三是云覆盖、房屋阴影、建筑物阴影导致的误提取。

（2）漏提取误差分析

漏提取主要来自：一是道路两边新栽种行道树或面积很小的行道树存在漏提取情况；二是高速公路中间狭长的绿化带且植被特征不明显时存在漏提取。

### 5.5.5 监测效率统计

120 个乡村绿地自动提取耗时约 1.5h/景，共计 67.5h；抽样目视解译平均耗时 4h/村，共计 104h，具体监测效率见表 5-21。

表 5-21 乡村绿化提取效率统计表

| 监测方法 | 处理方式 | 处理范围 | 效率 |
| --- | --- | --- | --- |
| 智能监测 | 自动提取 | 45 景 0.5m 影像 | 1.5h/景，共 67.5h |
| 传统监测 | 人工目视解译 | 26 个村 | 4h/村，共 104h |

## 5.6 小 结

本章从林业遥感监测任务实际出发，选定具有典型特色的监测区域和监测实例，建立全流程遥感智能监测方案，利用解译模型来实现智能监测，并获得宝贵的监测成果和结果分析。理论产生于实践，又反作用于实践，并指导实践，在充分研究理论基础的前提下，针对林业监测内容，选取代表性业务场景来实践，有利于林业遥感智能解译技术及应用范围向更深更广发展。

# 第6章 林业遥感的发展趋势及展望

## 6.1 遥感技术发展趋势与展望

### 6.1.1 多星组网推动航天遥感迎来好时代

随着卫星遥感技术的不断革新，高空间分辨率卫星平台的通信能力、机动能力、指向稳定性等越来越好[18]。但是受到传感器技术限制，其幅宽相较于中低空间分辨率卫星传感器要窄，同时卫星重访周期更长，依靠单一星源无法满足遥感业务需求。随着多源卫星数据融合技术以及基于多源数据遥感监测技术的发展，充分利用单星的侧摆能力，构建多星观测网络，通过多源卫星组网，可以实现高频次、高覆盖、大范围的遥感监测。

近年来，全球航天产业延续繁荣发展态势，伴随着各行各业对卫星技术应用快速化、灵活化、个性化需求的提升[19]，商业卫星遥感在农业、城市规划管理、海岸带调查、灾情评估及军事国防等方面的应用都得到了迅猛发展[20]。同时，为了满足用户实时观测的需求，各类具备高空间分辨的小卫星星座应运而生，如高景一号、吉林一号、珠海一号、深圳一号、海南系列等。各类低轨卫星星座的陆续发射组网，预示着航天遥感迎来利好时代。

### 6.1.2 新型载荷助力无人机遥感更大发展

随着民用航天遥感进入“亚米级”时代，空间分辨率与重访周期之间的矛盾日益突出。受制于遥感高空间分辨率、高时间分辨率、高光谱分辨率的限制，传统的卫星遥感已无法满足一些不断增长的应用需求。为了解决“三高”技术难题，科学家们开展了针对遥感载荷的关键技术研究，通过减少载荷重量、体积等方面的参数，发展了可搭载在无人机上的新型载荷，迎来了无人机遥感。

相较于传统卫星遥感，无人机遥感具备更高分辨率、更高频次、更高性价比的特点，在区域信息精细化上具有高科学价值，可以与卫星遥感能力形成互补，在一定程度上缓解了高空间分辨率和高时间分辨率的矛盾，在低成本的基础上实现了空间和时间的辩证统一。无人机系统以其可以挂载几乎所有种类的主动和被动遥感载荷的特性，被广泛应用于国土航测、农林植保、大气探测、灾害救援、国防安全等领域，尤其是轻小型无人机遥感系统在数量和应用领域都占绝对主导地位[21]。展望未来，无人机群的协同应用、机上数据的实时云端处理、物联网的融入等都将使无人机遥感迎来更大的发展机遇。

### 6.1.3 人工智能释放遥感数据巨大潜能

近年来，随着大数据、人工智能、数字孪生等技术不断融入卫星应用领域，依托人工智能理论与方法在计算机视觉领域的成果，深度学习等人工智能方法在大范围目标自动快速检测、复杂场景精细分类、地表参数快速识别等方面展示了巨大优势和发展潜力，为遥感大数据的智能信息提取带来前所未有的发展契机[22]，深化了卫星遥感数据在自然资源、应急管理、水利、城市管理、农业、林业、生态环境保护等行业业务中的应用。

遥感大数据是遥感信息科技发展的新阶段，遥感大数据具有典型的“5V”特征，即体量巨大（volume）、种类繁多（variety）、动态多变（velocity）、冗余模糊（veracity）和高内在价值（value），遥感图像信息提取也已经由传统的统计数学分析、定量遥感建模分析逐渐向数据驱动的智能分析转变，天地一体化对地观测技术的发展为开展遥感大数据分析提供了超高维度和超高频次的地球表层系统多样化辅助认知数据。传感网、移动互联网和物联网飞速构建起了强大的数字采集和网络发布能力，它们将数百公里上空运行的卫星和一个个地面行走的传感设备紧密地联系在了一起，而深度学习和人工智能科技的发展更为遥感大数据分析“插上了腾飞的翅膀”，它将引发一场遥感领域前所未有的革命。

## 6.2 林业遥感发展趋势与展望

### 6.2.1 由单一数源向多源数据融合应用转变

随着遥感技术的不断发展，林业遥感的应用日趋广泛，但依靠单一的数据源已无法满足日益增长的用户需求，多源遥感数据融合已逐渐成为林业遥感的应用趋势。在资源监测方面，针对不同类型和范围的监测任务，可采用不同分辨率的遥感数据源，开展面向不同精细化需求的林业调查监测任务。在树种识别、蓄积量估算、郁闭度提取、叶面积指数计算等[23]方面，依靠单一的光学影像会因分辨率限制，以及“同物异谱”和“异物同谱”等现象难以获取准确信息，可通过融合高光谱遥感中的光谱信息及算法优化的途径来提高识别能力和分类精度。在森林火灾、地质灾害等应急响应方面，由于天气等自然因素影响，单纯依靠光学卫星无法达到应急救援的目标，可结合 SAR 的穿透特性，以及无人机灵活快捷的优势，在多源数据融合技术的支撑下，开展林业灾害应急管理。

### 6.2.2 由被动式处置向主动式监测转变

由于林业资源的辽阔性、林业生态系统的复杂性，同时受限于卫星资源的时效性，林业遥感主动发现问题的难度较大，存在一定的滞后，呈现被动发现问题，再利用遥感手段进行监测处理的应用现状，导致森林火灾、森林病虫害、林业违法等活动不能及时发现并得到制止，使林业资源受到了损失。随着国产高分系列、资源系列等民用卫星，高景一号、吉林一号等商业卫星的陆续发射，丰富的数据源足以支撑林业遥感的常态化监测。针对重点区域，通过卫星编程、无人机遥感等高频次观测手段，逐渐掌握了林业遥感监测应用的主动权，建立了主动发现问题、及时监测预警、问题应急处理的快速响应机制，有效阻止了各类灾害事件的发生，减少了森林资源的损失。随着遥感卫星以及智能监测技术的不断发展，林业遥感监测将更及时、更高效、更精准地为林业资源监测监管保驾护航。

### 6.2.3 由工具软件向综合应用平台转变

在遥感与互联网技术的不断融合下，林业遥感应用已逐步由线下转到线上。传统模式下通过各类工具软件进行专题产品生产的线下作业方式已无法满足高效处理、协同生产、资源共享的需求。基于“高分辨率对地观测系统”国家重大科技专项，我国构建了首个基于高性能计算环境和云架构的高分林业遥感应用服务平台。应用服务平台的建立，实现了海量遥感数据的并行处理、专题产品的协同生产以及数据资源的共享，在提高林业遥感数据处理与共享能力的同时，依托可视化技术实现了产品生产任务编排与算法服务资源的组合以及产品的按需定制，既提升了林业调查监测的智能化和自动化水平，也大大降低了遥感应用的门槛。随着互联网、人工智能、大数据与遥感技术的深入发展，综合应用服务平台的应用模式将会更加趋于成熟和完善，必将为林业高质量发展提供更精准、更科学、更全面的服务。

# 参考文献

[1] 夏亚茜．国外遥感卫星现状简介[J]. 国际太空，2012(9)：21-31.

[2] 舒清态，唐守正．国际森林资源监测的现状与发展趋势[J]. 世界林业研究，2005，18(3)：33-37.

[3] 张会儒，唐守正，王彦辉．德国森林资源和环境监测技术体系及其借鉴[J]. 世界林业研究，2002，15(2)：63-70.

[4] 叶荣华．瑞士的国家森林资源清查[J]. 世界林业研究，1995(4)：39-43.

[5] 聂祥永．瑞典国家森林资源清查的经验与借鉴[J]. 林业资源管理，2004(1)：65-70.

[6] 叶荣华．美国国家森林资源清查体系的新设计[J]. 林业资源管理，2003(2)：21-26.

[7] 刘安兴．森林资源监测技术发展趋势[J]. 浙江林业科技，2005(4)：70-76.

[8] 李增元，陈尔学．中国林业遥感发展历程[J]. 遥感学报，2021，25(1)：292-301.

[9] Baatz M. Object-oriented and multi-scale image analysis in semantic networks[C]. Proc the International Symposium on Operationalization of Remote Sensing. 1999.

[10] Noma A，Graciano A B V，Cesar Jr R M，et al. Interactive image segmentation by matching attributed relational graphs[J]. Pattern Recognition，Elsevier，2012，45(3)：1159-1179.

[11] Chuang，Curless，Salesin，et al. A Bayesian approach to digital matting [J]. Proceedings of the 2001 IEEE Computer Society Conference on Computer Vision and Pattern Recognition CVPR 2001，2001，2(3)：Ⅱ-264-Ⅱ-271.

[12] Gao Y，Liu X. Integrating Bayesian Classifier into Random Walk optimizer for interactive image segmentation on mobile phones[J]. 2014 IEEE International Conference on Multimedia and Expo Workshops(ICMEW)，2014：1-6.

[13] Zhang L，Ji Q. A Bayesian Network Model for Automatic and Interactive Image egmentation[J]. IEEE TRANSACTIONS ON IMAGE PROCESSING，2011，20(9)：2582-2593.

[14] Grady L，Sinop A K. Fast approximate random walker segmentation using eigenvector precomputation [C]//26th IEEE Conference on Computer Vision and Pattern Recognition，CVPR. 2008：1-8.

[15] Kim T，Lee K，Lee S. Generative image segmentation using random walks with restart[C]/ Eccv. 2008：264-275.

[16] Mumford D，Shah J. Optimal approximations by piecewise smooth functions and associated variational problems [J]. Communications on Pure and Applied Mathematics，1989，42(5)：577-685.

[17] Hinton G E, Salakhutdinov R R. Reducing the Dimensionality of Data with Neural Networks [J]. Science, 2006, 313(5786): 504-507.

[18] 张兵．当代遥感科技发展的现状与未来展望[J]. 中国科学院院刊，2017，32(7)：774-784.

[19] 李器宇，张拯宁，张皓琳．商业卫星遥感产业发展现状与趋势分析[J]. 卫星应用，2018(12)：56-59.

[20] 靳颖，贺博，徐生豪．遥感大数据时代迎来产业发展新机遇——访中国资源卫星应用中心主任岳涛[J]. 卫星应用，2021(10)：8-11.

[21] 廖小罕，肖青，张颢．无人机遥感：大众化与拓展应用发展趋势[J]. 遥感学报，2019，23(6)：1046-1052.

[22] 张兵．遥感大数据时代与智能信息提取[J]. 武汉大学学报(信息科学版)，2018，43(12)：1861-1871.

[23] 唐盛哲，潘海云，廖兴文，等．我国林业遥感技术的发展及应用[J]. 农业研究与应用，2022，35(1)：49-54.